JN236495

大学数学の入門 ❶

代数学Ⅰ 群と環

桂 利行 ——［著］

東京大学出版会

Algebra I Groups and Rings
(Introductory Texts for Undergraduate Mathematics 1)
Toshiyuki KATSURA
University of Tokyo Press, 2004
ISBN978-4-13-062951-5

はじめに

　代数学は数学の花である．整数論，代数幾何学，表現論，可換環論など，そこには抽象化された数学の粋を集めた美しさがある．

　大学の数学科に進学した学生は代数学に出会い，高等学校の数学との落差の大きさに戸惑うケースもあろう．他方，論理を駆使して大きな理論を構築していく「大学の数学らしい数学」に魅せられる学生も多いはずである．本書はこのような代数学への導入部分をわかりやすく解説することを目的として執筆した．具体的には，基本的な代数系である群と環の理論の初歩を扱う．

　第1章では，群の理論の解説を行う．初めて群にふれる人を対象としているため，「注意」の項を随所にもうけ，慣れてくれば当然と思えるような事実についても解説した．また，シローの定理のように，とりあえずは事実を知っていて使えればよいであろうと思われる定理については，証明を省略した．本書の次の段階で証明のおもしろさを味わってみられることをお勧めする．

　第2章では環の理論を扱う．理論の設定部分は，群論と同様に進展するので，そのことを意識しながら学べばより効率的に学べるであろう．また，環の中で重要な位置を占める整域については，とくに詳しく解説した．

　第1章，第2章の最後に，数多くの演習問題を載せてある．その多くは各章を理解していれば解けるはずの基礎的な問題であり，理解を確実なものにするために解いてみることをお勧めする．また，例外的に，代数の理論が役立つことを示すための難しい問題も取り上げた．それについては解答を記さなかったが，興味を持たれた方は引用しておいた文献を利用して学習の題材にしていただきたい．

　本書は，内容的には，東京大学理学部数学科3年次前期に学ぶ「代数学I」という科目のシラバスにほぼ即している．東京大学では，現在，これに引き続き代数学II，代数学IIIが講義されており，数学科3年次の代数系の知識の基礎を固める役割を果たしているのである．本書が，代数学の初学者にとって代数学への導入としての役割を果たし，より高度な数学への橋渡しとなれば幸いである．

最後に，本書の発行に際しいろいろお世話いただいた財団法人東京大学出版会編集部の丹内利香さんに深く感謝したい．

2003 年 10 月　東京にて
桂　利行

目次

はじめに iii

第 1 章　群の理論 1
　1.1　群の定義 1
　1.2　部分群 3
　1.3　いろいろな群の例 7
　　1.3.1　巡回群 7
　　1.3.2　対称群 9
　　1.3.3　2 面体群 11
　　1.3.4　クラインの 4 群 12
　　1.3.5　4 元数群 12
　　1.3.6　自由群 12
　1.4　剰余類と剰余群 13
　1.5　準同型写像と準同型定理 20
　1.6　直積 27
　1.7　共役類 30
　1.8　可解群 36
　1.9　シローの定理 40
　章末問題 43

第 2 章　環の理論 49
　2.1　環の定義 49
　2.2　部分環と直積 55
　2.3　多項式環 60
　2.4　イデアルと剰余環 64
　2.5　準同型写像 67

2.6	一意分解整域 …………………………………………	72
2.7	素イデアルと極大イデアル …………………………	76
2.8	単項イデアル整域 ……………………………………	80
2.9	商体 ……………………………………………………	85
2.10	素体と標数 ……………………………………………	88
2.11	一意分解整域上の多項式環 …………………………	90
	章末問題 ………………………………………………	96

問題の略解 ………………………………………………… 101

参考文献 …………………………………………………… 119

記号一覧 …………………………………………………… 121

索引 ………………………………………………………… 122

人名表 ……………………………………………………… 125

第 1 章 群の理論

1.1 群の定義

空ではない集合 S を考える．S の任意の 2 元 a, b に対し S の元 c を対応させる法則を **2 項算法**あるいは **2 項演算** (law of composition) という．記号的には

$$\begin{array}{rcl} S \times S & \longrightarrow & S \\ (a, b) & \mapsto & a \cdot b = c \end{array}$$

と書く．和とか積とかいう概念がこれにあたる．本節では，1 つの 2 項演算が定義された代数系である，群の概念を導入する．

定義 1.1.1 G を空でない集合とし，2 項演算

$$\begin{array}{rcl} G \times G & \longrightarrow & G \\ (a, b) & \mapsto & a \cdot b = c \end{array}$$

が与えられていて，次の 3 つの条件を満たすとき，G を**群** (group) という．

(G1)（**結合法則** (associative law)）任意の $a, b, c \in G$ に対し，

$$a \cdot (b \cdot c) = (a \cdot b) \cdot c$$

が成り立つ．

(G2)（単位元の存在）$e \in G$ が存在して，任意の $a \in G$ に対し，

$$e \cdot a = a \cdot e = a$$

が成り立つ．この e を G の**単位元** (unit element) という．

(G3)（逆元の存在）任意の $a \in G$ に対し，a に対応した元 $x \in G$ が存在し，
$$ax = xa = e$$
が成り立つ．この x を a の**逆元** (inverse element) という．

注意 1.1.2 $a \cdot b$ を ab と書くことが多い．2項演算を，場合に応じて，積とか和とかいう．

注意 1.1.3 群 G に対し単位元はただ1つ存在する．なぜならば，条件 (G2) で保証された G の単位元 e の他に，もう1つ単位元 e' が存在すれば，単位元の定義から，任意の元 $a \in G$ に対して，$ea = ae = a$ かつ $e'a = ae' = a$ が成立する．したがって，
$$e = ee' = e'$$
が成り立つ．

注意 1.1.4 元 $a \in G$ に対しその逆元はただ1つ存在する．なぜならば，条件 (G3) で保証された $a \in G$ の逆元 x の他に，もう1つ a の逆元 $x' \in G$ があったとする．逆元の定義から $ax = xa = e, ax' = x'a = e$ が成立する．したがって，
$$x = xe = x(ax') = (xa)x' = ex' = x'.$$
この事実によって，$a \in G$ のただ1つ存在する逆元を a^{-1} と書く．

注意 1.1.5 群の条件 (G1) によって，積は括弧の付け方によらないことを帰納法を用いて示すことができる．したがって，$G \ni x_i$ $(i = 1, 2, \cdots, n)$ に対し，$(x_1((x_2 x_3)(x_4 \cdots) \cdots) \cdots x_n)$ などを，$x_1 x_2 x_3 \cdots x_n$ と書くこともある．

定義 1.1.6 群 G が次の条件 (G4) を満たすとき，G を**可換群** (commutative group)，または**アーベル群** (abelian group) という．

(G4)（交換法則）任意の $a, b \in G$ に対し，$ab = ba$ が成り立つ．

【例 1.1.7】 整数全体の集合 **Z** に2項演算として和を考えれば，**Z** はアーベル群になる．有理数全体の集合 **Q** に2項演算として和を考えたもの，実数全

体の集合 $\mathbf{R}$ に 2 項演算として和を考えたもの，複素数全体の集合 $\mathbf{C}$ に 2 項演算として和を考えたもの，もそれぞれアーベル群になる．

【例 1.1.8】 有理数全体から 0 を除いた集合 $\mathbf{Q}^*$ に 2 項演算として積を考えれば，$\mathbf{Q}^*$ はアーベル群になる．実数全体から 0 を除いた集合 $\mathbf{R}^*$ に 2 項演算として積を考えたもの，複素数全体から 0 を除いた集合 $\mathbf{C}^*$ に 2 項演算として積を考えたもの，もそれぞれアーベル群になる．整数全体から 0 を除いた集合 $\mathbf{Z} \setminus \{0\}$ に 2 項演算として積を考えても，$\mathbf{Z} \setminus \{0\}$ は群にならない．なぜならば，群の条件 (G3) が成立しないからである．

【例 1.1.9】 $\mathbf{T} = \{z \in \mathbf{C} \mid |z| = 1\}$ とおき，1 次元**トーラス** (torus) という．また，本書では，$\mathbf{R}_{>0} = \{x \in \mathbf{R} \mid x > 0\}$ とおく．これらは乗法に関して群になる．

【例 1.1.10】 n を自然数とする．有理数を成分とする n 次正則行列全体の集合を $GL(n, \mathbf{Q})$，実数を成分とする n 次正則行列全体の集合を $GL(n, \mathbf{R})$，複素数を成分とする n 次正則行列全体の集合を $GL(n, \mathbf{C})$ とする．$GL(n, \mathbf{Q})$, $GL(n, \mathbf{R})$, $GL(n, \mathbf{C})$ は行列の積に関して群になる．これらを n 次**一般線形群** (general linear group) という．

定義 1.1.11 群 G に含まれる元の数を G の**位数** (order) といい，$|G|$ と書く．G の位数が有限のとき G を**有限群** (finite group)，G の位数が無限のとき G を**無限群** (infinite group) という．

1.2 部分群

定義 1.2.1 群 G の空ではない部分集合 H が，G の 2 項演算によって群になるとき，H を G の**部分群** (subgroup) という．

注意 1.2.2 H を群 G の部分群とすれば，H の単位元は G の単位元と一致する．なぜならば，G の単位元を e，H の単位元を e' とし，e' の G での逆元を $x \in G$ とすれば，$e'x = xe' = e$ となる．ゆえに，

が成立し，e' は e と一致する．

注意 1.2.3 H を群 G の部分群とする．$c \in H$ の H での逆元 c' は，c の G での逆元 x と一致する．なぜならば，逆元の定義から

$$c' = c'e = c'(cx) = (c'c)x = ex = x$$

が成立するからである．

【例 1.2.4】 群 G の単位元を e とするとき，G 自身，および単位元のみからなる集合 $\{e\}$ は G の部分群である．これらを G の**自明な部分群** (trivial subgroup) という．

【例 1.2.5】 例 1.1.7 において，$\mathbf{Z} \subset \mathbf{Q} \subset \mathbf{R} \subset \mathbf{C}$ となるが，この列の小さい方の群は大きい方の群の部分群である．

【例 1.2.6】 例 1.1.8 において，$\mathbf{Q}^* \subset \mathbf{R}^* \subset \mathbf{C}^*$ となるが，この列の小さい方の群は大きい方の群の部分群である．一方，$\mathbf{C} \supset \mathbf{C}^*$ であるが，積に関する群 $\mathbf{C}^*$ は和に関する群 $\mathbf{C}$ の部分群ではない．両者の 2 項演算が異なっているからである．

【例 1.2.7】 $SL(n, \mathbf{C}) = \{A \in GL(n, \mathbf{C}) \mid \det A = 1\}$ とおき，n 次の**特殊線形群** (special linear group) という．E を単位行列とするとき，$U(n) = \{A \in GL(n, \mathbf{C}) \mid A^t \bar{A} = E\}$ とおき，n 次の**ユニタリ群** (unitary group) という．$SL(n, \mathbf{C}), U(n)$ は $GL(n, \mathbf{C})$ の部分群である．また，$O(n) = \{A \in GL(n, \mathbf{R}) \mid A^t A = E\}$ とおき，n 次の**直交群** (orthogonal group) という．$O(n)$ は $GL(n, \mathbf{R})$ の部分群である．

定理 1.2.8 群 G の空ではない部分集合 H に対し，次の 3 条件は同値である．
 (i) H は G の部分群である．
 (ii) 任意の $a, b \in H$ に対し，$ab \in H$ かつ $a^{-1} \in H$ が成り立つ．
 (iii) 任意の $a, b \in H$ に対し，$a^{-1}b \in H$ が成り立つ．

証明 (i) $\Longrightarrow$ (ii) $\Longrightarrow$ (iii) は自明．(iii) ならば (i) を示す．H は少なくとも 1 個は元 a を含むから，$e = a^{-1}a \in H$ を得る．任意の $a \in H$ に対し，$a^{-1} = a^{-1}e \in H$ となる．任意の $a,b \in H$ に対し，$a^{-1}, b \in H$ となるから $ab = (a^{-1})^{-1}b \in H$ となる． ∎

系 1.2.9 H_1, H_2 を群 G の部分群とするならば，$H_1 \cap H_2$ も G の部分群である．

証明 a, b を $H_1 \cap H_2$ の任意の元とする．このとき，$a, b \in H_1$ かつ $a, b \in H_2$ であるから，定理 1.2.8 より $a^{-1}b \in H_1$ かつ $a^{-1}b \in H_2$ となる．ゆえに，$a^{-1}b \in H_1 \cap H_2$ となり，定理 1.2.8 によって $H_1 \cap H_2$ は G の部分群となる． ∎

定義 1.2.10 群 G の部分集合 S, T に対し，
$$ST = \{st \mid s \in S, t \in T\}$$
$$S^{-1} = \{s^{-1} \mid s \in S\}$$
と定義する．また，$a, b \in G$ に対し，
$$aS = \{ax \mid x \in S\}$$
$$Sb = \{xb \mid x \in S\}$$
$$aSb = \{axb \mid x \in S\}$$
と定義する．

注意 1.2.11 定理 1.2.8 の条件 (ii) は $HH \subset H$ かつ $H^{-1} \subset H$，条件 (iii) は $H^{-1}H \subset H$ と書ける．

群 G の部分集合 S に対し，S を含む最小の部分群を $\langle S \rangle$ と書き，S から生成される部分群という．S を含む G の部分群全体の集合を $\{G_\lambda\}_{\lambda \in \Lambda}$ とすれば，容易にわかるように
$$\langle S \rangle = \bigcap_{\lambda \in \Lambda} G_\lambda$$
となる．また，$\langle S \rangle$ の定義から

$$\langle S \rangle = \{a_1^{n_1} a_2^{n_2} \cdots a_r^{n_r} \mid a_i \in S,\ n_i \in \mathbf{Z},\ 1 \leq i \leq r,\ r : 1\text{ 以上の整数 }\}$$

である．

定義 1.2.12 群 G の部分集合 S に対し，

$$Z(S) = \{x \in G \mid xsx^{-1} = s, \forall s \in S\}$$
$$N(S) = \{x \in G \mid xSx^{-1} = S\}$$

と定義する．

容易にわかるように，$Z(S), N(S)$ は G の部分群になる．$Z(S)$ を S の**中心化群** (centralizer)，$N(S)$ を S の**正規化群** (normalizer) という．とくに，S が 1 元 $a \in G$ からなるときは，$Z(S) = N(S)$ となる．このとき，$Z(S), N(S)$ をそれぞれ $Z(a), N(a)$ と書くこともある．$Z(G)$ を G の**中心** (center) という．

定義 1.2.13 群 G の部分群 N が，

$$xNx^{-1} \subset N,\ \forall x \in G$$

を満たすとき，N を G の**正規部分群** (normal subgroup) といい，$G \triangleright N$ または $N \triangleleft G$ と書く．

注意 1.2.14 群 G の部分群 N が，

$$xNx^{-1} \subset N,\ \forall x \in G$$

を満たすための必要十分条件は，

$$xNx^{-1} = N,\ \forall x \in G$$

を満たすことである．十分であることは明らか．任意の $x \in G$ をとる．条件から $xNx^{-1} \subset N$ となる．$x^{-1} \in G$ に対しても条件が成立するから $x^{-1}N(x^{-1})^{-1} \subset N$ となり $N \subset xNx^{-1}$ を得る．したがって，$N = xNx^{-1}$ となる．

次の命題は定義から明らかである．

命題 1.2.15 G を群，H を G の部分群とする．このとき，次が成立する．
 (i) $G \triangleright H \iff N(H) = G$.
 (ii) $G \supset N(H) \triangleright H$.
 (iii) $G \triangleright Z(G)$.

定義 1.2.16 群 G が G と $\{e\}$ 以外に正規部分群を持たないとき，G を**単純群** (simple group) という．

注意 1.2.17 非可換有限単純群は分類されており，次のいずれかになることが知られている．
 (1) 交代群 A_n ($n \geq 5$)（1.3.2 項参照）
 (2) リー型の単純群
 (3) 26 個の散在型単純群

26 個の散在型単純群のうち位数最大のものはモンスター (Monster) と呼ばれ，その位数は，

$$2^{46} \cdot 3^{20} \cdot 5^9 \cdot 7^6 \cdot 11^2 \cdot 13^3 \cdot 17 \cdot 19 \cdot 23 \cdot 29 \cdot 31 \cdot 41 \cdot 47 \cdot 59 \cdot 71$$

である．これは 54 桁の整数である．この巨大な群は，楕円モジュラー関数や数理物理と関係しており，神秘に満ちている．

1.3 いろいろな群の例

1.3.1 巡回群

群 G の元 a と自然数 n に対し，

$$a^n = \overbrace{a \cdot a \cdots a}^{n \text{ 個}}$$
$$a^{-n} = (a^{-1})^n$$
$$a^0 = e$$

と定義する．このとき，任意の整数 m, n に対し，指数法則

$$a^m a^n = a^{m+n}, \ (a^m)^n = a^{mn}, \ (a^n)^{-1} = (a^{-1})^n$$

が成立することは明らかであろう．

注意 1.3.1　一般には，$(ab)^n \neq a^n b^n$ である．

群 G の元 a に対し，a から生成される群を H とすれば，

$$H = \{a^n \mid n \in \mathbf{Z}\}$$

となる．この群を $H = \langle a \rangle$ と書く．H の位数を a の**位数** (order) といい，ord a と書く．ord a が有限のとき，位数は $a^n = e$ となるような最小の自然数 n に等しい．$a^n = e$ となるような自然数 n が存在しなければ，ord $a = \infty$ である．G が 1 つの元 a で生成されるとき，すなわち $G = \langle a \rangle$ となるとき，G を**巡回群** (cyclic group) といい，a を G の**生成元** (generator) という．巡回群は明らかにアーベル群である．

注意 1.3.2　巡回群の生成元 a は一意的には決まらない．たとえば，整数のなす加法群 $\mathbf{Z}$ の場合，$\mathbf{Z} = \langle 1 \rangle = \langle -1 \rangle$ である．

定理 1.3.3　巡回群 G の部分群は巡回群である．

証明　巡回群 $G = \langle a \rangle$ とする．G の任意の部分群 H をとる．$H = \{e\}$ なら H は巡回群だから定理は成立する．$H \neq \{e\}$ とする．n を自然数として，$a^{-n} \in H$ ならば，H は群だから $a^n = (a^{-n})^{-1} \in H$ となるから，ある自然数 n があって，$a^n \in H$ である．そのような自然数のうち最小のものを n とする．H は群だから，$H \supset \langle a^n \rangle$ である．$H \ni a^m$ をとる．剰余定理により $m = qn + r, 0 \leq r < n$ となるような整数 q, r が存在する．このとき，

$$a^r = a^m (a^{-n})^q \in H$$

を得る．したがって，n の最小性から $r = 0$ となる．ゆえに，

$$a^m = (a^n)^q \in \langle a^n \rangle$$

となり，$H = \langle a^n \rangle$ を得る．　■

注意 1.3.4　$G = \langle a \rangle \supset H$ であるとき，定理 1.3.3 の証明から，H は $a^n \in H$ と

なる最小の自然数 n に対して, $H = \langle a^n \rangle$ となる.

n, t を 2 つの整数とする. n が t を割り切るとき, $n \mid t$ と書く.

命題 1.3.5 群 G の元 x が $\mathrm{ord}\, x = n < \infty$ であるとする. 整数 t に対し $x^t = e$ となるための必要十分条件は $n \mid t$ となることである.

証明 必要性は明らか. $x^t = e$ とする. 剰余定理から, $t = qn + r$, $0 \leq r < n$ となる整数 q, r が存在する. $x^r = x^t (x^n)^{-q} = e$ だから, 位数 n の意味から $r = 0$ となる. ゆえに, $n \mid t$ となる. ∎

定理 1.3.6 $G = \langle a \rangle$ を位数 $n < \infty$ (有限) の巡回群とする. $m \mid n$ なる自然数 m に対し, 位数 m の部分群がただ 1 つ存在する.

証明 $m \mid n$ なる自然数 m に対し, $\langle a^{n/m} \rangle$ は位数 m の部分群である. もう 1 つ位数 m の部分群 H があるとする. 注意 1.3.4 より, $a^k \in H$ となるような最小の自然数 k をとって, $H = \langle a^k \rangle$ となる. 剰余定理より, $n = kq + r$, $0 \leq r < k$ となるような整数 $q > 0$, r が存在する. このとき, $a^r = a^n (a^k)^{-q} \in H$ であるから, k の最小性より $r = 0$ となる. ゆえに, $n = kq$ で H の位数は q となる. 一方, H の位数は m であったから, $q = m$ となり, $H = \langle a^{n/m} \rangle$ を得る. したがって, 位数 m の部分群はただ 1 つで $\langle a^{n/m} \rangle$ で与えられる. ∎

1.3.2 対称群

n を自然数とし, 1 から n までの自然数の集合を

$$\Omega = \{1, 2, \cdots, n\}$$

とする. Ω から Ω への 1 対 1 かつ上への写像を n 文字の**置換** (permutation) という. n 文字の置換全体の集合を S_n とすれば, 写像の合成を積として, S_n は群になる. この群を n 次**対称群** (symmetric group) という. S_n は線形代数において現われる行列式の理論ですでに学んでいるはずであるので, ここでは, 簡単に復習するにとどめる. S_n の元 σ は,

$$\sigma = \begin{pmatrix} 1 & 2 & \cdots & n \\ i_1 & i_2 & \cdots & i_n \end{pmatrix}$$

と表わせる．この表現は Ω の元 ℓ を Ω の元 i_ℓ に写像することを表わしており，$\{i_1, i_2, \cdots, i_n\}$ は $\{1, 2, \cdots, n\}$ の並べ替えである．したがって，S_n は $n!$ 個の元を含む．S_n の単位元は恒等変換

$$e = \begin{pmatrix} 1 & 2 & \cdots & n \\ 1 & 2 & \cdots & n \end{pmatrix}$$

で，$\sigma = \begin{pmatrix} 1 & 2 & \cdots & n \\ i_1 & i_2 & \cdots & i_n \end{pmatrix}$ の逆元は，

$$\sigma = \begin{pmatrix} i_1 & i_2 & \cdots & i_n \\ 1 & 2 & \cdots & n \end{pmatrix}$$

で与えられる．恒等変換をしばしば (1) と書く．$i_1, i_2, \cdots, i_m$ を Ω の相異なる元であるとするとき，i_ℓ を $i_{\ell+1}$ ($\ell = 1, 2, \cdots, m-1$) に移し，かつ i_m を i_1 に移す置換を $(i_1\ i_2 \cdots i_m)$ と書き，**巡回置換** (cycle) という．Ω の 2 元の巡回置換を**互換** (transposition) といい，i, j ($1 \leq i < j \leq n$) の入れ替えを $(i\ j)$ と書く．任意の置換は有限個の巡回置換の積に表わせる．また，

$$(i_1\ i_2 \cdots i_m) = (i_{m-1}\ i_m)(i_{m-2}\ i_m) \cdots (i_1\ i_m)$$

が成立するから，任意の巡回置換は互換の積に表わせる．したがって，任意の置換は互換の積として表わされる．ある置換を互換の積に書き表わす方法は一意的ではない．しかし，そこに現われる互換の数が偶数個であるか奇数個であるかは，もとの置換のみによって決まることが知られている．現われる互換の数が偶数個であるとき，その置換を**偶置換** (even permutation)，現われる互換の数が奇数個であるとき，その置換を**奇置換** (odd permutation) という．偶置換全体の集合を A_n とすれば，A_n は S_n の部分群になる．$n \geq 2$ であるとき，A_n の位数は $n!/2$ に等しい．A_n を n 次**交代群** (alterating group) という．

【例 1.3.7】 10 次対称群 S_{10} において，

$$\sigma = \begin{pmatrix} 1 & 2 & 3 & 4 & 5 & 6 & 7 & 8 & 9 & 10 \\ 6 & 8 & 5 & 4 & 2 & 10 & 9 & 3 & 7 & 1 \end{pmatrix}$$
$$= (1\ 6\ 10)(2\ 8\ 3\ 5)(7\ 9)$$
$$= (6\ 10)(1\ 10)(3\ 5)(8\ 5)(2\ 5)(7\ 9)$$

と互換の積に分解される.

命題 1.3.8 n 次交代群 A_n $(n \geq 3)$ は, 3 文字の置換 $(i\ j\ k)$ $(1 \leq i < j < k \leq n)$ 全体によって生成される.

証明 $(i\ j\ k) = (i\ k)(i\ j)$ だから, 長さ 3 の巡回置換は A_n に属する. 逆に,

$$(i\ j)(i\ j) = (i\ j\ k)^3$$
$$(i\ k)(i\ j) = (i\ j\ k)$$
$$(i\ j)(k\ \ell) = (i\ k\ j)(i\ k\ \ell)$$

が成立するから, 互換 2 つの積はいずれも 3 文字の巡回置換の積に表わせる. 結果はこの事実からしたがう. ∎

注意 1.3.9 位数の一番小さな非可換単純群は 5 次の交代群 A_5 で, その位数は 60 であることが知られている. さらに一般に, 注意 1.2.17 で述べたように, A_n $(n \geq 5)$ は単純群であることが知られている. この事実は 5 次以上の代数方程式がべき根では解けないということと関連しており, ガロア理論につながっている. ガロア理論は学部数学科で学ぶもっとも美しい数学理論の 1 つに数えられる.

1.3.3 2面体群

n を 3 以上の自然数とし, 正 n 角形 T を正 n 角形 T に移す変換全体の集合を D_n とする. T の中心に関する $2\pi/n$ の回転を σ とする. n が偶数なら, D_n は, 対頂点を結ぶ直線に関する折り返し, 相対する辺の中点を結ぶ直線に関する折り返しと $\{\sigma^i\}_{i=0,\cdots,n-1}$ からなる. n が奇数なら, D_n は, 頂点と相対する辺の中点を結ぶ直線に関する折り返しと $\{\sigma^i\}_{i=0,\cdots,n-1}$ からなる. 上記折り返しの 1 つを τ とすれば,

$$D_n = \{e, \sigma, \sigma^2, \cdots, \sigma^{n-1}, \tau, \sigma\tau, \cdots, \sigma^{n-1}\tau\}$$

となる．D_n を n 次の **2面体群** (dihedral group) という．D_n の位数は $2n$ である．$D_n = \langle \sigma, \tau \rangle$ であり，

$$\sigma^n = e,\ \tau^2 = e,\ \sigma\tau = \tau\sigma^{-1}$$

を満たす．

【例 1.3.10】 $n = 3$ のとき，正三角形の 3 頂点を順に $1, 2, 3$ とすれば，$\sigma = (1\ 2\ 3)$, $\tau = (2\ 3)$ と表わせる．これにより，$D_3 \subset S_3$ とみなせる．両辺の位数を比べて，$D_3 = S_3$ であることがわかる．

1.3.4　クラインの 4 群

正方形ではない長方形を R とし，R を R に移すような変換全体の集合を V とする．V を**クラインの 4 群** (Klein's four group) という．V は恒等変換，中心のまわりの 180 度の回転，相対する辺の中点を結ぶ直線に関する折り返し 2 種からなる群になる．長方形 R の頂点それぞれに順に $1, 2, 3, 4$ と名前をつければ，これらの変換全体は

$$V = \{(1), (1\ 3)(2\ 4), (1\ 2)(3\ 4), (1\ 4)(2\ 3)\}$$

で与えられる位数 4 の可換群になる．V には位数 4 の元が存在しないので，この群は巡回群ではない．

1.3.5　4 元数群

$Q_3 = \{\pm 1,\ \pm i,\ \pm j,\ \pm k\}$ とおく．i, j, k は関係式

$$ij = k, jk = i, ki = j$$
$$i^2 = -1, j^2 = -1, k^2 = -1$$

を満たすとする．ここに，± 1 はすべての元と可換であるとする．Q_3 は位数 8 の非可換群となる．Q_3 を **4 元数群** (quaternion group) という．

1.3.6　自由群

G を群とし，S を空集合ではない G の部分集合であるとする．

$$F(S) = \{x_1^{\varepsilon_1} x_2^{\varepsilon_2} \cdots x_n^{\varepsilon_n} \mid x_i \in S, \varepsilon_i = \pm 1, n \text{ は任意の自然数} \}$$

は S から生成された G の部分群に他ならない. 2 元の表示 $x_1^{\varepsilon_1} x_2^{\varepsilon_2} \cdots x_n^{\varepsilon_n}$, $y_1^{\nu_1} y_2^{\nu_2} \cdots y_m^{\nu_m}$ に対し, $n = m$, $x_i = y_i$ かつ $\varepsilon_i = \nu_i$ $(i = 1, 2, \cdots, n)$ であるとき, 2 つの表示は同じであるという. 2 つの異なる表示が G の同じ元を与えることがあることは明らかである. たとえば $x, y \in S$ に対し, $y = xx^{-1}y$ などが同じ元の異なる表示になっている. 元 $x_1^{\varepsilon_1} x_2^{\varepsilon_2} \cdots x_n^{\varepsilon_n} \in F(S)$ は, $x_i = x_{i+1}$ のときには $\varepsilon_i = \varepsilon_{i+1}$ であるとき**簡約積** (reduced product) という. また, n を自然数とするとき, 巡回群の節で述べたように,

$$\underbrace{x \cdot x \cdot \cdots \cdot x}_{n \text{ 個}} = x^n, \quad \underbrace{x^{-1} \cdot x^{-1} \cdot \cdots \cdot x^{-1}}_{n \text{ 個}} = x^{-n}$$

という記号を導入すれば,

$$F(S) = \{x_1^{n_1} x_2^{n_2} \cdots x_m^{n_m} \mid x_i \in S, n_1, n_2, \cdots, n_m \in \mathbf{Z}\}$$

となる. 次の 2 条件が満たされるとき, G は空集合でない集合 S によって**自由生成である** (freely generated) という.

(i) $F(S) = G$.

(ii) 異なる簡約積は G の異なる元を与える.

(i), (ii) を満たす G の生成元の集合 S を G の**自由生成系** (a free set of generators) といい, G が自由生成系を持つとき G を S 上の**自由群** (free group) という.

【例 1.3.11】 G を無限巡回群, x をその生成元とする: $G = \langle x \rangle$. このとき, x は G の自由生成系であり, G は $\{x\}$ 上の自由群である.

注意 1.3.12 n を任意の自然数とするとき, n 個の元からなる集合上の自由生成な自由群の存在を示すことができる. 詳細は本書では省略する.

1.4 剰余類と剰余群

定義 1.4.1 集合 S において, 関係 $\sim$ が定義されていて, 任意の 2 元 $x, y \in S$ に対し,

$$x \sim y \text{ であるか}, x \sim y \text{ でないか}$$

のいずれかが成立し，かつ次の 3 条件を満たすとき，関係 $\sim$ を **同値関係** (equivalence relation) という．

(i) （反射律）$x \sim x$.
(ii) （対称律）$x \sim y$ ならば $y \sim x$.
(iii) （推移律）$x \sim y$ かつ $y \sim z$ ならば $x \sim z$.

集合 S に同値関係が与えられていれば，その関係によって関係がある元全体を 1 つのグループにすることにより，S を類別（グループ分け）することができる．このようにして得られる類全体の集合を $S/\sim$ と書く．

【例 1.4.2】 有理数の集合 $\mathbf{Q}$ において，2 元 $x, y \in \mathbf{Q}$ に対し，$x = y$ のとき $x \sim y$ と定義すれば，これは同値関係である．ただし，この関係で類別しても各類は 1 元からなり，意味のある類別にはならない．

【例 1.4.3】 m を自然数とする．整数全体の集合 $\mathbf{Z}$ の 2 元 x, y に対し，$x - y$ が m で割り切れるとき，$x \sim y$ と定義する．これは同値関係である．$\mathbf{Z}/\sim$ は，m 個の類からなり，各類の代表元として $0, 1, 2, \cdots, m-1$ がとれる．

【例 1.4.4】 複素数を成分とする $m \times n$ 行列全体の集合を $M(m, n; \mathbf{C})$ とする．$A, B \in M(m, n; \mathbf{C})$ に対し，適当な m 次正則行列 P と n 次正則行列 Q があって $B = PAQ$ となるとき，$A \sim B$ と定義する．これは同値関係である．このとき，行列 $A \in M(m, n; \mathbf{C})$ に対し非負整数 $r\ (0 \leq r \leq \min\{m, n\})$ と標準形

$$\begin{pmatrix} E_r & 0 \\ 0 & 0 \end{pmatrix}$$

があって，

$$A \sim \begin{pmatrix} E_r & 0 \\ 0 & 0 \end{pmatrix}$$

となる．ここに，E_r は r 次の単位行列を表わす．これは線形代数で学ぶ定理であり，r を A の **階数** (rank) というのであった．この類別によって $M(m, n; \mathbf{C})$ は $1 + \min\{m, n\}$ 個の類に類別される．

【例 1.4.5】 複素数を成分とする n 次正方行列全体の集合を $M(n, \mathbf{C})$ とする．$A, B \in M(n, \mathbf{C})$ に対し，適当な n 次正則行列 P があって $B = P^{-1}AP$

となるとき，$A \sim B$ と定義する．これは同値関係である．ジョルダン標準形の理論によれば，行列 $A \in M(n, \mathbf{C})$ に対しジョルダン標準形 J があって $A \sim J$ となる．つまり，標準形とは類別したとき各類にある使いやすい典型的な元であるということができる．

G を群，H を G の部分群とする．

$$a, b \in G \text{ に対し，} a^{-1}b \in H \text{ となるとき } a \sim b$$

と定義し，a は b に**左合同**であるという．これは同値関係である．この同値関係によって G を類別し，その同値類全体の集合を G/H と書く．G/H の元を G の H による**左剰余類** (left coset) という．$a \in G$ を含む左同値類は，

$$C_a = \{x \in G \mid a^{-1}x \in H\} = aH$$

で与えられる．$C_a = C_b$ となるための必要十分条件は，$a \sim b$ となることである．

定義 1.4.6 G の H による左同値類の数を $(G : H)$ と書き，G の H における**指数** (index) という．

指数は ∞ である場合もある．各類から 1 個ずつ代表元をとってきて，それら全体のなす集合を G の H に関する**左完全代表系** (set of left coset representatives) という．それを $\{a_\lambda\}_{\lambda \in \Lambda}$ とすれば，

$$G = \bigcup_{\lambda \in \Lambda} a_\lambda H$$

と書ける．$|\Lambda| = (G : H)$ である．

命題 1.4.7 G を群，H をその部分群とするとき，G の H に関する左剰余類に含まれる元の数はすべて等しく，$|H|$ 個である．

証明 写像

$$\begin{aligned} H &\longrightarrow aH \\ x &\longmapsto ax \end{aligned}$$

は集合としての上への 1 対 1 写像である．したがって，aH に含まれる元の数は $|H|$ に等しい． ∎

この命題からただちに次の系がしたがう．

系 1.4.8 命題 1.4.7 と同じ仮定の下に，$|G| = (G:H)|H|$ が成り立つ．

この系から次がしたがう．

系 1.4.9 G を有限群，H をその部分群とすれば，次が成立する．
(1) H の位数 $|H|$ は G の位数 $|G|$ の約数である．
(2) G の元の位数は G の位数 $|G|$ の約数である．

【例 1.4.10】 p を素数とするとき，位数 p の群 G は巡回群である．なぜならば，単位元ではない元 a をとり，その元で生成される巡回部分群 $\langle a \rangle$ を考えれば，系 1.4.9 より $\langle a \rangle$ の位数は p の約数で，1 ではない．p は素数だから $|\langle a \rangle| = p$ となり，$G = \langle a \rangle$ を得る．

命題 1.4.11 G を群，$H \supset K$ を G の部分群とする．$\{a_\lambda\}_{\lambda \in \Lambda}$ を G の H に関する左完全代表系，$\{b_\mu\}_{\mu \in M}$ を H の K に関する左完全代表系，とする．このとき，$\{a_\lambda b_\mu\}_{\lambda \in \Lambda, \mu \in M}$ は G の K に関する左完全代表系である．

証明 まず，G の K に関する左剰余類が適当な a_λ, b_μ をとれば，$a_\lambda b_\mu K$ の形に書けることを示す．任意の $x \in G$ をとる．G の H に関する左完全代表系の定義から，適当な a_λ と $H \ni h$ が存在して，

$$x = a_\lambda h$$

と書くことができる．H の K に関する左完全代表系の定義から，適当な b_μ と $K \ni k$ が存在して，

$$h = b_\mu k$$

と書くことができる．したがって，$x = a_\lambda b_\mu k$ となり，$x \in a_\lambda b_\mu K$ を得る．ゆえに，$xK = a_\lambda b_\mu K$ となる．

次に，$\{a_\lambda b_\mu K\}_{\lambda \in \Lambda, \mu \in M}$ は互いに相異なる G の K に関する剰余類であることを示そう．$a_\lambda b_\mu K = a_{\lambda'} b_{\mu'} K$ とする．このとき，$K \ni k$ があって，$a_\lambda b_\mu = a_{\lambda'} b_{\mu'} k$ となる．ゆえに，$a_\lambda = a_{\lambda'}(b_{\mu'} k b_\mu^{-1})$ となるが，$b_{\mu'} k b_\mu^{-1} \in H$ であるから，G の H に関する左完全代表系の定義から $a_\lambda = a_{\lambda'}$ となり，$\lambda = \lambda'$ を得る．ゆえに，$b_\mu K = b_{\mu'} K$ となる．H の K に関する左完全代表系の定義から $b_\mu = b_{\mu'}$ となり，$\mu = \mu'$ を得る．したがって，$(\lambda, \mu) \neq (\lambda', \mu')$ ならば，$a_\lambda b_\mu K \neq a_{\lambda'} b_{\mu'} K$ となる．■

この命題からただちに次の系を得る．

系 1.4.12 G を群，$H \supset K$ を G の部分群とすれば，

$$(G : K) = (G : H)(H : K)$$

が成り立つ．

以上では，群 G の部分群 H に関する左合同について調べた．ここで，右合同についても調べておこう．

$$a, b \in G \text{ に対し，} ba^{-1} \in H \text{ となるとき } a \sim b$$

と定義し，a は b に**右合同**であるという．これは同値関係である．この同値関係によって G を類別し，その同値類全体の集合を $H \backslash G$ と書く．$H \backslash G$ の元を G の H による**右剰余類** (right coset) という．$a \in G$ を含む右同値類は，

$$C_a = \{x \in G \mid xa^{-1} \in H\} = Ha$$

で与えられる．G の H に関する右完全代表系などの概念は左合同の場合と同様に定義できる．

命題 1.4.13 G を群，H をその部分群とする．$\{a_\lambda\}_{\lambda \in \Lambda}$ が G の H に関する左完全代表系であるための必要十分条件は，$\{a_\lambda^{-1}\}_{\lambda \in \Lambda}$ が G の H に関する右完全代表系であることである．

証明 集合の直和 (disjoint sum) を $\coprod$ と書けば，$G = G^{-1}, H = H^{-1}$ から，

$$\coprod_{\lambda \in \Lambda} a_\lambda H = \coprod_{\lambda \in \Lambda} (a_\lambda H)^{-1} = \coprod_{\lambda \in \Lambda} H a_\lambda^{-1}$$

を得る．結果はこの等式からしたがう． ∎

この命題によって，左合同から得られる結果と右合同から得られる結果は対応している．そこで，本書では，とくに断らない限り，左合同を用いることにする．

補題 1.4.14 G を群，$G \triangleright N$ とする．G の N に関する右剰余類と左剰余類は一致する．詳しくは，$xN = Nx$ が成立する．

証明 正規部分群の定義から，$xNx^{-1} = N$．ゆえに，$xN = Nx$ となる． ∎

この補題から次の系が成立する．

系 1.4.15 G を群，$G \triangleright N$ とする．$\{a_\lambda\}_{\lambda \in \Lambda}$ が G の N に関する左完全代表系であることは，$\{a_\lambda\}_{\lambda \in \Lambda}$ が G の N に関する右完全代表系であることと同値である．

【例 1.4.16】 G を群，H をその部分群とする．$(G:H) = 2$ ならば，H は G の正規部分群である．なぜならば，G/H の 2 つの類を H, xH とする．このとき，$x \notin H$ であるから，$H\backslash G$ の 2 つの類は，H, Hx で与えられる．このとき，

$$G = H \coprod xH = H \coprod Hx$$

だから，$xH = Hx$ とならざるを得ない．G の元 y は $y \in H$ であるか $y \in Hx$ であるかのいずれかであるから，いずれにせよ $yHy^{-1} = H$ が成立する．

$G \triangleright N$ とする．このとき，左剰余類の集合 G/N には次のように自然に積を定義することができる：剰余類 aN と bN の積を，

$$aN \cdot bN = abN$$

で定義する．aN, bN は類であるから，この積が代表元のとり方によらず一意的に定まることを示さなければならない．a' を類 aN のもう 1 つの代表元，b' を類 bN のもう 1 つの代表元とする．このとき $aN = a'N, bN = b'N$ であり，

$$a' = an_1, \ b' = bn_2$$

となるような N の元 n_1, n_2 が存在する．N は G の正規部分群だから $b^{-1}n_1 b \in N$ となる．ゆえに，

$$a'N \cdot b'N = a'b'N = an_1 bn_2 N$$
$$= ab(b^{-1}n_1 b)n_2 N = abN$$

となり，積は代表元のとり方によらないことがわかる．

この積によって，G/N は群になる．この群を群 G の正規部分群 N に関する**剰余群** (residue class group)，または**商群** (quotient group) という．G/N の単位元は $eN = N$ であり，元 aN の逆元は $a^{-1}N$ で与えられる．

注意 1.4.17 G がアーベル群であれば任意の部分群 N は正規部分群である．2 項演算が和 + で与えられているとする．そのとき，$a \in G$ を含む剰余類は $a + N$ で与えられる．

注意 1.4.18 G をアーベル群，N を G の部分群とすれば，G/N もアーベル群である．なぜならば，任意の元 aN, bN に対して，

$$aN \cdot bN = abN = baN = bN \cdot aN$$

となるからである．

【例 1.4.19】 m を自然数とする．加法群 $\mathbf{Z}$ とその部分群 $m\mathbf{Z}$ を考える．$\mathbf{Z}/m\mathbf{Z}$ の $a \in \mathbf{Z}$ を含む類を $\bar{a}$ と書けば，$a, b \in \mathbf{Z}$ に対し，

$$\bar{a} + \bar{b} = \overline{a + b}$$

が成立する．$\mathbf{Z}/m\mathbf{Z}$ は位数 m の巡回群であり，$\bar{1}$ が生成元である．

1.5 準同型写像と準同型定理

定義 1.5.1 G, G' を群とする．写像 $f : G \longrightarrow G'$ が，
$$f(xy) = f(x)f(y), \quad \forall x, y \in G$$
を満たすとき，f を**準同型写像** (homomorphism) という．

準同型写像 $f : G \longrightarrow G'$ が上への写像であるとき，**全射準同型写像** (surjective homomorphism) という．f が 1 対 1 の写像であるとき，**単射準同型写像** (injective homomorphism) という．f が 1 対 1 かつ上への準同型写像であるとき，**同型写像** (isomorphism) という．群 G, G' に対し，同型写像 $f : G \longrightarrow G'$ が存在するとき，G は G' に**同型** (isomorphic) であるといい，$G \cong G'$，あるいは $G \xrightarrow{\sim} G'$ と書く．同型な群は代数構造がまったく同じである．f が G から G への同型写像であるとき，f を**自己同型写像** (automorphism) という．

G を群とするとき，G の自己同型写像全体のなす集合を $\mathrm{Aut}(G)$ と書く．$\mathrm{Aut}(G)$ は写像の合成を 2 項演算として群となる．この群を G の**自己同型群** (automorphism group) という．

注意 1.5.2 $f : G \longrightarrow G'$ を群 G から群 G' への準同型写像，e, e' をそれぞれ G, G' の単位元とする．このとき次が成立する．
  (i) $f(e) = e'$.
  (ii) $f(x^{-1}) = f(x)^{-1}$.
  (iii) $n \in \mathbf{Z}$ に対し，$f(x^n) = f(x)^n$.
証明は次のとおりである．
  (i) $f(e) = f(ee) = f(e)f(e)$ より $f(e) = e'$ を得る．
  (ii) $f(x)f(x^{-1}) = f(xx^{-1}) = f(e) = e'$ である．同様に $f(x^{-1})f(x) = e'$ だから，$f(x^{-1}) = f(x)^{-1}$ を得る．
  (iii) は自明であろう．

注意 1.5.3 群 G の単位元を e，群 G' の単位元を e' とする．準同型写像 $f : G \longrightarrow G'$ が単射であるための必要十分条件は，$f(x) = e'$ ならば $x = e$ が成り立つことである．必要性は明らかであるから十分性を証明しよう．$x, y \in G$ に対し，$f(x) = f(y)$

とする．このとき，$f(xy^{-1}) = f(x)f(y)^{-1} = e'$ であるから，条件から $xy^{-1} = e$，したがって $x = y$ となる．

【例 1.5.4】 乗法群 $\mathbf{C}^*$，$\mathbf{R}_{>0}$ を考える．

$$\begin{array}{ccc} \mathbf{C}^* & \longrightarrow & \mathbf{R}_{>0} \\ z & \mapsto & |z| \end{array}$$

は全射準同型写像である．

【例 1.5.5】

$$\begin{array}{ccc} \mathbf{R} & \longrightarrow & \mathbf{R}_{>0} \\ x & \mapsto & \exp x \end{array}$$

は同型写像であり，逆写像は $\log y$ で与えられる．

【例 1.5.6】 G を群，$a \in G$ とする．σ_a を

$$\begin{array}{cccc} \sigma_a : & G & \longrightarrow & G \\ & x & \mapsto & axa^{-1} \end{array}$$

によって定義する．$G \ni x, y$ に対し，

$$\sigma_a(xy) = axya^{-1} = axa^{-1}aya^{-1} = \sigma_a(x)\sigma_a(y)$$

より σ_a は G の自己同型写像である．

$$\mathrm{I}(G) = \{\sigma_a \mid a \in G\}$$

とおく．任意の $x \in G$ に対し，

$$\sigma_{ab}(x) = abx(ab)^{-1} = a(bxb^{-1})a^{-1} = a\sigma_b(x)a^{-1} = \sigma_a\sigma_b(x)$$

より，$\sigma_{ab} = \sigma_a\sigma_b$ だから，$\mathrm{I}(G)$ は群になる．$\mathrm{I}(G)$ を**内部自己同型群** (inner automorphism group) という．

また，このことから

$$\begin{array}{cccc} \varphi : & G & \longrightarrow & \mathrm{I}(G) \\ & a & \mapsto & \sigma_a \end{array}$$

は準同型写像になる．

定義 1.5.7　G, G' を群, e' を G' の単位元とする. 群の準同型写像 $f: G \longrightarrow G'$ に対して,
$$\mathrm{Ker}\, f = \{x \in G \mid f(x) = e'\}$$
$$\mathrm{Im}\, f = \{f(x) \in G' \mid x \in G\}$$
とおく. $\mathrm{Ker}\, f$ を f の**核** (kernel), $\mathrm{Im}\, f$ を f の**像** (image) という.

命題 1.5.8　群の準同型写像 $f: G \longrightarrow G'$ に対して, $\mathrm{Ker}\, f$ は G の正規部分群, $\mathrm{Im}\, f$ は G' の部分群である.

証明　任意の 2 元 $a, b \in \mathrm{Ker}\, f$ をとる. $f(a^{-1}b) = f(a)^{-1}f(b) = e$ だから $a^{-1}b \in \mathrm{Ker}\, f$. ゆえに, $\mathrm{Ker}\, f$ は群である. 任意の $a \in \mathrm{Ker}\, f$ と任意の $x \in G$ に対し, $f(xax^{-1}) = f(x)f(a)f(x)^{-1} = f(x)ef(x)^{-1} = e$ だから, $xax^{-1} \in \mathrm{Ker}\, f$ となる. ゆえに, $\mathrm{Ker}\, f$ は正規部分群である. 任意の 2 元 $f(a), f(b) \in \mathrm{Im}\, f$ をとる. $f(a)^{-1}f(b) = f(a^{-1}b) \in \mathrm{Im}\, f$ だから, $\mathrm{Im}\, f$ は G' の部分群である. ∎

この命題は, 容易に次のように一般化できる.

注意 1.5.9　$f: G \longrightarrow G'$ を群の準同型写像とする. このとき次が成立する.
 (i) H' を G' の部分群とすれば, $f^{-1}(H')$ は G の部分群である.
 (ii) N' を G' の正規部分群とすれば, $f^{-1}(N')$ は G の正規部分群である.
H を G の部分群とするとき, $f(H)$ は G の部分群である. しかし, $G \triangleright N$ でも $G' \triangleright f(N)$ とは限らないので注意を要する.

　G を群, $G \triangleright N$ とする. このとき, 剰余群 G/N に対し, 準同型写像
$$\begin{array}{rcl} \pi: & G & \longrightarrow & G/N \\ & x & \mapsto & xN \end{array}$$
が定義される. この準同型写像を**標準的な準同型写像** (canonical homomorphism) という. π は全射準同型写像であり, G/N の単位元が N であることから
$$\mathrm{Ker}\, \pi = N$$
であることは明らかであろう.

定理 1.5.10（準同型定理，第 1 同型定理） 群の準同型写像 $f: G \longrightarrow G'$ は自然な同型写像
$$\varphi: G/\mathrm{Ker}\, f \simeq \mathrm{Im}\, f$$
$$x\mathrm{Ker}\, f \mapsto f(x)$$
を引き起こす．

証明 G の単位元を e，G' の単位元を e' とする．$G/\mathrm{Ker}\, f$ の元 $x\mathrm{Ker}\, f$ をとる．この類の別の代表元 y をとれば，$\mathrm{Ker}\, f$ の元 k が存在して，$y = xk$ となる．ゆえに，
$$f(y) = f(xk) = f(x)f(k) = f(x)e' = f(x)$$
となり，φ は類の代表元のとり方によらず決まることがわかる．

定義から，
$$\varphi(x\mathrm{Ker}\, f \cdot y\mathrm{Ker}\, f) = \varphi(xy\mathrm{Ker}\, f) = f(xy) = f(x)f(y)$$
$$= \varphi(x\mathrm{Ker}\, f)\varphi(y\mathrm{Ker}\, f)$$
となるから，φ は準同型写像である．

$\mathrm{Im}\, f \ni f(x)$ をとれば，$\varphi(x\mathrm{Ker}\, f) = f(x)$ となるから，φ は全射である．

最後に，$\varphi(x\mathrm{Ker}\, f) = e'$ とする．定義によって，$f(x) = e'$ となるから，$x \in \mathrm{Ker}\, f$ を得る．ゆえに，$x\mathrm{Ker}\, f = \mathrm{Ker}\, f$ となり $x\mathrm{Ker}\, f$ は $G/\mathrm{Ker}\, f$ の単位元になる．したがって，φ は単射である． ∎

注意 1.5.11 [普遍性] $g: G \longrightarrow H$ を群の準同型写像，$G \rhd N$ とする．$N \subset \mathrm{Ker}\, g$ であるならば，$\phi: G/N \longrightarrow H$ で，$\phi \circ \pi = g$ となるものが一意的に存在する．このことを，剰余群 G/N の**普遍性** (universality) という．普遍性の考え方は，圏と関手という概念からくる考え方であり，代数学において重要な概念ではあるが，入門の範囲を超えているのでここではこれ以上立ち入らない．

【例 1.5.12】 行列式
$$\det: GL(n, \mathbf{R}) \longrightarrow \mathbf{R}^*$$
$$A \mapsto \det A$$
は全射準同型写像であり，

$$\mathrm{Ker}\, \det = SL(n, \mathbf{R})$$

となる．したがって，準同型定理により

$$GL(n, \mathbf{R})/SL(n, \mathbf{R}) \cong \mathbf{R}^*$$

となる．

【例 1.5.13】 写像

$$\begin{aligned} f: \quad \mathbf{C}^* &\longrightarrow \mathbf{R}_{>0} \\ z &\mapsto |z| \end{aligned}$$

は全射準同型写像であり，$\mathrm{Ker}\, f = \mathbf{T}$（1次元トーラス）である．したがって，準同型定理により

$$\mathbf{C}^*/\mathbf{T} \cong \mathbf{R}_{>0}$$

となる．これは複素数の極座標表示に他ならない．

【例 1.5.14】 写像

$$\begin{aligned} f: \quad \mathbf{R} &\longrightarrow \mathbf{C}^* \\ \theta &\mapsto \exp 2\pi i\theta = \cos 2\pi\theta + i\sin 2\pi\theta \end{aligned}$$

は準同型写像であり，$\mathrm{Im}\, f = \mathbf{T}$（1次元トーラス）かつ $\mathrm{Ker}\, f = \mathbf{Z}$ である．したがって，準同型定理により

$$\mathbf{R}/\mathbf{Z} \cong \mathbf{T}$$

となる．

【例 1.5.15】 $\{1, -1\}$ は積に関して群になる．n 次対称群 S_n の元にその符号を対応させる写像

$$\begin{aligned} \mathrm{sgn}: \quad S_n &\longrightarrow \{1, -1\} \\ \sigma &\mapsto \mathrm{sgn}\, \sigma \end{aligned}$$

は全射準同型写像である．この準同型写像の核は偶置換からなるから，

$$\mathrm{Ker}\, \mathrm{sgn} = A_n$$

となる．したがって，準同型定理により

$$S_n/A_n \cong \{1, -1\}$$

となる．

【例 1.5.16】 例 1.5.6 で与えた，群 G から内部自己同型群 $\mathrm{I}(G)$ への写像

$$\varphi: \begin{array}{ccc} G & \longrightarrow & \mathrm{I}(G) \\ a & \mapsto & \sigma_a \end{array}$$

は全射準同型写像である．σ_a が恒等写像になるための必要十分条件は，任意の $x \in G$ に対し，$\sigma_a(x) = x$ となることである．このとき，$ax = xa$ となるから，$a \in Z(G)$（G の中心）を得る．したがって，$\mathrm{Ker}\,\varphi = Z(G)$ であるから，準同型定理により

$$G/Z(G) \cong \mathrm{I}(G)$$

となる．

【例 1.5.17】 G を有限群とし，$G = \{x_1, x_2, \cdots, x_n\}$ とする．$\{x_1, x_2, \cdots, x_n\}$ を不定元と考えて G 上の自由群 $F(G)$ をつくる．このとき，群の準同型写像

$$\varphi: \begin{array}{ccc} F(G) & \longrightarrow & G \\ x_{i_1}^{n_1} x_{i_2}^{n_2} \cdots x_{i_m}^{n_m} & \mapsto & x_{i_1}^{n_1} x_{i_2}^{n_2} \cdots x_{i_m}^{n_m} \end{array}$$

が存在する．φ は全射準同型写像である．$\mathrm{Ker}\,\varphi = N$ とおけば，準同型定理から

$$F(G)/N \cong G$$

となる．したがって，任意の有限群は自由群の剰余群として表示される．

【例 1.5.18】 n 次の 2 面体群 D_n は σ, τ の 2 元で生成され，基本関係式

$$\sigma^n = e, \tau^2 = e, \tau\sigma\tau^{-1} = \sigma^{-1}$$

を満たす群である．σ, τ を不定元とみて，$S = \{\sigma, \tau\}$ とおき S 上の自由群 $F(S)$ を考える．

$$\varphi: F(S) \longrightarrow D_n$$
$$\sigma \mapsto \sigma$$
$$\tau \mapsto \tau$$

によって定義される自然な全射準同型写像が存在する．$F(S)$ の中で σ^n, τ^2, $\tau\sigma\tau^{-1}\sigma$ を含む最小の正規部分群を N とすれば，$\mathrm{Ker}\,\varphi = N$ であり，$F(S)/N \cong D_n$ となる．

系 1.5.19　$f: G \longrightarrow G'$ を全射準同型写像とする．$G' \triangleright N'$ かつ $f^{-1}(N') = N$ とおけば，$G \triangleright N$ であり，

$$G/N \cong G'/N'$$

となる．

証明　前半は，注意 1.5.9 からよい．標準的写像 π' と f との合成写像

$$G \xrightarrow{f} G' \xrightarrow{\pi'} G'/N'$$

は全射準同型写像であり，$\mathrm{Ker}\,\pi' \circ f = N$ であるから，準同型定理により結果を得る．　■

系 1.5.20（第 2 同型定理）　G を群，$G \triangleright N$, かつ H を G の部分群とする．このとき，$HN = NH$ は G の部分群であり，$HN \triangleright N$ かつ

$$H/H \cap N \cong HN/N$$

が成立する．

証明　任意の 2 元 $h_1, h_2 \in H$, および任意の 2 元 $n_1, n_2 \in N$ をとる．このとき，

$$(h_1 n_1)(h_2 n_2) = h_1 h_2 (h_2^{-1} n_1 h_2) n_2 \in HN,$$
$$(h_1 n_1)^{-1} = n_1^{-1} h_1^{-1} = h_1^{-1} (h_1 n_1^{-1} h_1^{-1}) \in HN$$

となるから，HN は G の部分群である．同様にして，NH も部分群である．また，$N, H \subset HN$ であるから，$NH \subset HN$. 同様にして，$HN \subset NH$ だ

から $NH = HN$ となる．$HN \triangleright N$ は明らか．準同型写像

$$f: H \longrightarrow HN/N$$
$$h \mapsto hN$$

は全射であり，$hN = N$ となるための必要十分条件は $h \in N$ となることであるから，$\mathrm{Ker}\, f = H \cap N$ を得る．したがって，準同型定理から $H/H \cap N \cong HN/N$ を得る． ∎

系 1.5.21（第 3 同型定理） $N \supset M$ を群 G の正規部分群とする．このとき，$G/M \triangleright N/M$ で，

$$(G/M)/(N/M) \cong G/N$$

が成立する．

証明 準同型写像

$$f: G/M \longrightarrow G/N$$
$$xM \mapsto xN$$

は全射であり，$\mathrm{Ker}\, f = N/M$ である．したがって，とくに $G/M \triangleright N/M$ で，準同型定理により

$$(G/M)/(N/M) \cong G/N$$

を得る． ∎

1.6 直積

G_1, G_2 を群とする．それぞれの単位元を e_1, e_2 とする．集合としての直積

$$G_1 \times G_2 = \{(x_1, x_2) \mid x_1 \in G_1, x_2 \in G_2\}$$

を考える．この集合に 2 項演算を $(x_1, x_2), (y_1, y_2) \in G_1 \times G_2$ に対し，

$$(x_1, x_2) \cdot (y_1, y_2) = (x_1 y_1, x_2 y_2)$$

によって定義する．この 2 項演算によって $G_1 \times G_2$ は群になる．この群を G_1, G_2 の **直積** (direct product) といい，再び $G_1 \times G_2$ と書く．単位元は (e_1, e_2)

であり，$(x_1, x_2) \in G_1 \times G_2$ の逆元は (x_1^{-1}, x_2^{-1}) で与えられる．

直積 $G_1 \times G_2$ には準同型写像

$$\begin{aligned} pr_1 : \quad G_1 \times G_2 &\longrightarrow G_1 \\ (x_1, x_2) &\mapsto x_1 \\ pr_2 : \quad G_1 \times G_2 &\longrightarrow G_2 \\ (x_1, x_2) &\mapsto x_2 \end{aligned}$$

が定義される．準同型写像 pr_i $(i = 1, 2)$ を自然な**射影** (projection) という．
また，準同型写像

$$\begin{aligned} \iota_1 : \quad G_1 &\longrightarrow G_1 \times G_2 \\ x_1 &\mapsto (x_1, e_2) \\ \iota_2 : \quad G_2 &\longrightarrow G_1 \times G_2 \\ x_2 &\mapsto (e_1, x_2) \end{aligned}$$

が定義される．準同型写像 ι_i $(i = 1, 2)$ を自然な**入射** (injection) という．
$\operatorname{Im} \iota_i = \bar{G}_i$ とおく．このとき，

$$\begin{cases} \bar{G}_i \triangleleft G_1 \times G_2 \ (i = 1, 2) \\ \bar{G}_1 \cdot \bar{G}_2 = G_1 \times G_2 \\ \bar{G}_1 \cap \bar{G}_2 = \{(e_1, e_2)\} \end{cases}$$

が成立する．

この逆の状況を考えて，G を群とし，

$$(\mathrm{I}) \begin{cases} N_i \triangleleft G \ (i = 1, 2) \\ N_1 \cdot N_2 = G \\ N_1 \cap N_2 = \{e\} \end{cases}$$

が成り立つとする．このとき，G は N_1, N_2 の直積に分解されるという．N_1, N_2 を**直積因子** (direct factor) という．

命題 1.6.1 G を群，N_i $(i = 1, 2)$ を G の部分群とするとき，条件 (I) は次の条件 (II) と同値である．

$$(\mathrm{II}) \begin{cases} \text{(i)} \ x_1 \in N_1, x_2 \in N_2 \text{ならば} x_1 x_2 = x_2 x_1. \\ \text{(ii)} \ x \in G \text{は適当な元} x_1 \in N_1, x_2 \in N_2 \text{によって} x = x_1 x_2 \\ \quad \text{と一意的に表わせる．} \end{cases}$$

証明 (I) ならば (II) を示す．任意の元 $x_1 \in N_1, x_2 \in N_2$ をとる．$N_i \triangleleft G$ ($i = 1, 2$) だから，
$$x_1 x_2 x_1^{-1} x_2^{-1} = x_1(x_2 x_1^{-1} x_2^{-1}) \in N_1$$
$$= (x_1 x_2 x_1^{-1}) x_2^{-1} \in N_2$$
より，$x_1 x_2 x_1^{-1} x_2^{-1} \in N_1 \cap N_2 = \{e\}$，つまり $x_1 x_2 x_1^{-1} x_2^{-1} = e$ となる．ゆえに，$x_1 x_2 = x_2 x_1$ を得る．次に，$x \in G$ が，
$$x = x_1 x_2 = x_1' x_2',$$
$$x_1, x_1' \in N_1,\ x_2, x_2' \in N_2$$
なる 2 通りの表示を持つとする．このとき，$x_1'^{-1} x_1 = x_2' x_2^{-1}$ となるが，この式の左辺は N_1 に含まれ，右辺は N_2 に含まれる．一方，$N_1 \cap N_2 = \{e\}$ だから，$x_1'^{-1} x_1 = x_2' x_2^{-1} = e$ となる．ゆえに，$x_1 = x_1', x_2 = x_2'$ となり，x の表示の仕方は一意的であることがわかる．

逆に，(II) ならば (I) を示す．$G = N_1 N_2$ は (ii) から明らか．任意の $x \in N_1 \cap N_2$ をとれば，$e = e \cdot e = x \cdot x^{-1}$ である．$e, x \in N_1$ であり，$e, x^{-1} \in N_2$ だから，(ii) における表示の一意性から $x = x^{-1} = e$ を得る．ゆえに，$N_1 \cap N_2 = \{e\}$．また，任意の $x \in G$ をとれば，(ii) から $x_1 \in N_1$ と $x_2 \in N_2$ があって，$x = x_1 x_2$ となる．ゆえに，
$$x N_1 x^{-1} = x_1 (x_2 N_1 x_2^{-1}) x_1^{-1} \subset x_1 N_1 x_1^{-1}$$
$$= N_1 x_1 x_1^{-1} = N_1.$$
したがって，$G \triangleright N_1$．同様にして，$G \triangleright N_2$ となる． ∎

定理 1.6.2 $G \triangleright N_1, N_2, N_1 \cdot N_2 = G, N_1 \cap N_2 = \{e\}$ となるとすれば，自然な同型写像
$$G \cong N_1 \times N_2$$
が存在する．

証明 条件 (I) は条件 (II) と同値であるから，条件 (II) が成立するとしてよい．写像
$$\varphi: \quad N_1 \times N_2 \quad \longrightarrow \quad G$$
$$(n_1, n_2) \quad \mapsto \quad n_1 n_2$$

は条件 (II)(i) より準同型写像である．また，条件 (II)(ii) より全射かつ単射である．したがって，φ は同型写像である． ∎

【例 1.6.3】 クラインの 4 群 $V = \{(1), (1\ 3)(2\ 4), (1\ 2)(3\ 4), (1\ 4)(2\ 3)\} \subset S_4$ の部分群
$$N_1 = \{(1), (1\ 3)(2\ 4)\}$$
$$N_2 = \{(1), (1\ 2)(3\ 4)\}$$
は条件 (I) を満たす．ゆえに，$V \cong N_1 \times N_2$ となる．

注意 1.6.4 G を群とし，
$$(\mathrm{I}') \begin{cases} N_i \triangleleft G \ (i = 1, 2, \cdots, n) \\ N_1 \cdot N_2 \cdots N_n = G \\ N_i \cap N_1 \cdot N_2 \cdots \check{N}_i \cdots N_n = \{e\} \end{cases}$$
が成り立つとき，G は $N_1, N_2, \cdots, N_n$ の直積に分解されるという．ここに，$\check{N}_i$ は N_i を除くことを意味する．条件 (I') は次の条件 (II') と同値である．

$$(\mathrm{II}') \begin{cases} (\mathrm{i}) \ x_i \in N_i,\ x_j \in N_j \ \ (i \neq j) \ \text{ならば} \ x_i x_j = x_j x_i. \\ (\mathrm{ii}) \ x \in G \ \text{は} \ x = x_1 x_2 \cdots x_n \ (\exists x_i \in N_i) \ \text{と一意的に表わせる．} \end{cases}$$

G が $N_1, N_2, \cdots, N_n$ の直積に分解されるならば，
$$G \cong N_1 \times N_2 \times \cdots \times N_n$$
が成立する．証明は $n = 2$ の場合とほとんど同様である．

1.7 共役類

G を群とする．$G \ni a, b$ に対し，$G \ni x$ が存在して，
$$b = xax^{-1}$$
となるとき，$a \sim b$ と定義する．このとき，b は a に**共役** (conjugate) であるという．これは同値関係である．この同値類を**共役類** (conjugacy class) という．共役類全体の集合を $G/\sim$ と書く．$a \in G$ を含む共役類を $K(a)$ と書けば，
$$K(a) = \{xax^{-1} \mid x \in G\}$$
となる．定義から容易にわかるように，

(i) $a \in Z(G) \Longrightarrow K(a) = \{a\}$. とくに $K(e) = \{e\}$.
(ii) $G \triangleright N \Longrightarrow N$ は G の共役類のいくつかの合併集合.

が成立する.

定理 1.7.1 G を群とする. $G \ni a$ に対し, $|K(a)| = (G : Z(a))$ が成立する.

証明 写像
$$f : G \longrightarrow K(a)$$
$$x \mapsto xax^{-1}$$

は, 定義から全射である. また,

$$\begin{aligned} f(x) = f(y) &\iff xax^{-1} = yay^{-1} \\ &\iff y^{-1}xa(y^{-1}x)^{-1} = a \\ &\iff y^{-1}x \in Z(a) \\ &\iff x, y \text{ は } G/Z(a) \text{ の同じ類に属する}. \end{aligned}$$

ゆえに, $G/Z(a)$ の元と $K(a)$ の元が 1 対 1 に対応する. ∎

G を有限群とし, $|G| = g$ とおく. その相異なる共役類全体を,

$$K(a_1), K(a_2), \cdots, K(a_t)$$

とする. ただし, $a_1 = e$ ととっておく.

$$h_i = |K(a_i)| = (G : Z(a_i))$$

とおけば,

$$h_i \mid g$$

である. また, $G = \coprod_{i=1}^{t} K(a_i)$ (集合の直和) より,

$$g = h_1 + h_2 + \cdots + h_t$$

が成立する. この式を**類等式** (class formula) という. $a_1 = e$ より $h_1 = 1$ である.

定義 1.7.2　p を素数とする．位数が p の自然数べきであるような群を **p 群** (p-group) という．

定理 1.7.3　G を p 群とする．このとき $Z(G) \neq \{e\}$ が成立する．

証明　$|G| = p^n$ とすれば，上記の記号を用いて，
$$p^n = h_1 + h_2 + \cdots + h_t$$
ならびに $h_1 = 1$ を得る．G は p 群だから，h_i は p べきである．類等式の左辺は p で割り切れるから，右辺も p で割り切れる．$h_1 = 1$ であるから，$h_1 = 1$ 以外にも $h_i = 1$ となるような $i \geq 2$ が存在する．このとき，$Z(a_i) = G$ となり，したがって a_i は $Z(G)$ の元となる．とり方から，$a_i \neq e$ である．∎

【例 1.7.4】　p を素数とする．位数 p^2 の群 G は可換群である．なぜならば，$Z(G) \neq \{e\}$ だから，$a \in Z(G)$, $a \neq e$ なる元が存在する．$|G| = p^2$ だから，a の位数は p または p^2 である．a の位数が p^2 ならば，$G = \langle a \rangle$ となるから G は可換群である．a の位数が p ならば $\langle a \rangle$ は位数 p の巡回群で，$a \in Z(G)$ より $G \triangleright \langle a \rangle$ だから，$G/\langle a \rangle$ は位数 p の巡回群である．$G/\langle a \rangle$ の生成元を $b\langle a \rangle$ とする．このとき，$|G| = p^2$ だから
$$G = \{a^i b^j \mid 0 \leq i, j \leq p-1\}$$
である．$a \in Z(G)$ だから，G は可換群である．

定義 1.7.5　G を群，H, P_1, P_2 をその部分群とする．$h \in H$ が存在して
$$P_2 = h P_1 h^{-1}$$
となるとき，P_2 は P_1 と H に関して **共役** (conjugate) であるといい，$P_1 \sim P_2$ と書く．とくに $H = G$ であるとき，P_2 は P_1 に共役であるという．

定理 1.7.6　G を有限群，H, P をその部分群とする．このとき，H に関して P と共役な部分群の数は $(H : H \cap N(P))$ に等しい．

証明 H に関して P と共役な部分群全体の集合を S とすれば，

$$S = \{xPx^{-1} \mid x \in H\}$$

である．集合としての写像

$$\begin{aligned} \varphi: \quad H &\longrightarrow S \\ x &\mapsto xPx^{-1} \end{aligned}$$

は上への写像である．このとき，$H \ni x, y$ に対し，

$$\begin{aligned} \varphi(x) = \varphi(y) &\iff xPx^{-1} = yPy^{-1} \\ &\iff y^{-1}xP(y^{-1}x)^{-1} = P \\ &\iff y^{-1}x \in H \cap N(P) \\ &\iff x, y \text{ は } H/(H \cap N(P)) \text{ の同じ類に属する．} \end{aligned}$$

ゆえに，$H/(H \cap N(P))$ の元と S の元が 1 対 1 に対応する． ∎

この定理において $H = G$ の場合を考えて次の系を得る．

系 1.7.7 G を有限群，P をその部分群とする．このとき，P と共役な部分群の数は $(G : N(P))$ に等しい．

以上の理論の証明を一般化する枠組みを考えよう．群 G と集合 Ω に対し，写像

$$\begin{aligned} G \times \Omega &\longrightarrow \Omega \\ (a, x) &\mapsto ax \end{aligned}$$

が次の 2 条件を満たすとき，Ω 上の G の **作用** (action) という．
 (i) $a, b \in G, x \in \Omega$ に対し，$(ab)(x) = a(bx)$．
 (ii) G の単位元 e に対し，$ex = x$．
Ω 上の G の作用が定義されているとき，G を Ω 上の**変換群** (transformation group) といい，(G, Ω) と書く．

補題 1.7.8 $a \in G$ を固定すると，写像

$$T_a: \Omega \longrightarrow \Omega$$
$$x \mapsto ax$$

は 1 対 1 かつ上への写像である.言い換えれば,T_a は Ω の置換である.

証明 $T_a(x) = T_a(y)$ $(x, y \in \Omega)$ ならば,$ax = ay$ の両辺に a^{-1} を作用させて,$x = y$ となるから 1 対 1.$x = a(a^{-1}x)$ となるから上への写像である. ∎

集合 Ω の置換全体のなす群を $S(\Omega)$ と書く.Ω が n 文字の集合からなるときには $S(\Omega)$ は n 次対称群 S_n に他ならない.写像

$$T: G \longrightarrow S(\Omega)$$
$$a \mapsto T_a$$

は群の準同型写像である.T を群 G の Ω 上の**置換表現** (permutation representation) という.T が単射であるとき,すなわち $a \neq e$ ならば $ax \neq x$ となる $x \in \Omega$ が存在するとき,G の作用は**効果的** (effective) であるといい,置換表現 T は**忠実** (faithful) であるという.Ω の任意の 2 点 x, y に対し,$ax = y$ となるような $a \in G$ が存在するとき,G は Ω に**推移的** (transitively) に作用するという.$\Omega \ni x, y$ に対し,

$$x \sim y \iff \text{ある } a \in G \text{ が存在して } ax = y$$

と定義すれば,これは同値関係である.その同値類を**軌道** (orbit) という.

定義 1.7.9 変換群 (G, Ω) を考える.$\Omega \ni x$ に対し,

$$G_x = \{a \in G \mid ax = x\}$$

とおき,G の x における**固定群** (stabilizer),または**等方群** (isotropy group) という.

固定群 G_x が G の部分群であることは容易に確かめられる.

定理 1.7.10 群 G を集合 Ω 上の有限変換群とする.このとき,$x \in \Omega$ を含

む軌道は Gx で与えられ，
$$|G| = |G_x||Gx|$$
が成立する．

証明 軌道が Gx で与えられることは明らかである．
$$f: G \longrightarrow Gx$$
$$a \mapsto ax$$
は，定義から全射である．また，
$$f(a) = f(b) \iff ax = bx$$
$$\iff b^{-1}ax = x$$
$$\iff b^{-1}a \in G_x.$$

ゆえに，G/G_x の元と Gx の元が 1 対 1 に対応する．ゆえに，$|G| = |G_x||Gx|$ が成立する． ∎

【例 1.7.11】 G を有限群とし，$\Omega = G$ とおく．群 G の Ω への作用を，$G \ni a$ に対し，
$$T_a: \Omega \longrightarrow \Omega$$
$$x \mapsto axa^{-1}$$
と定義する．$x \in \Omega$ のこの作用による軌道は x を含む共役類と一致する．また，G の x における固定群は $Z(x)$ である．したがって，定理 1.7.1 は定理 1.7.10 からしたがう．

【例 1.7.12】 G を有限群とし，H をその部分群とする．G の部分群全体の集合を Ω とし，群 H の Ω への作用を，$H \ni a$ に対し，
$$T_a: \Omega \longrightarrow \Omega$$
$$P \mapsto aPa^{-1}$$
と定義する．$P \in \Omega$ のこの作用による軌道は，H に関して P と共役な G の部分群の集合と一致する．また，H の P における固定群は $H \cap N(P)$ である．したがって，定理 1.7.6 は定理 1.7.10 から従う．

1.8 可解群

G を群とする．$G \ni x, y$ に対し，

$$[x, y] = xyx^{-1}y^{-1}$$

とおいて x, y の**交換子** (commutator) という．

定義 1.8.1 交換子全体 $\{[x, y] \mid x, y \in G\}$ で生成される部分群を G の**交換子群** (commutator subgroup) といい $D(G)$ と書く．

$G \ni x, y, z$ に対し，

$$z[x, y]z^{-1} = [zxz^{-1}, zyz^{-1}]$$

が成り立つから，

$$G \triangleright D(G)$$

となる．

【例 1.8.2】 n 次対称群 S_n の交換子群は $D(S_n) = A_n$ である．なぜならば，任意の $\sigma, \tau \in S_n$ に対して，偶置換の定義から $[\sigma, \tau] \in A_n$ であるから $D(S_n) \subset A_n$．また，$1 \leq i < j < k \leq n$ とすると，

$$[(i\ j), (i\ k)] = (i\ j\ k)$$

であり，命題 1.3.8 により，A_n は 3 文字の巡回置換によって生成されるから，$A_n \subset D(S_n)$ を得る．したがって，$D(S_n) = A_n$．

【例 1.8.3】 $n \geq 5$ ならば，$D(A_n) = A_n$．なぜならば，$1 \leq i < j < k \leq n$ をとれば，$n \geq 5$ だから，i, j, k 以外の相異なる整数 ℓ, m $(1 \leq \ell, m \leq n)$ が存在する．このとき，

$$(i\ j\ k) = [(i\ j\ m), (i\ k\ \ell)]$$

が成立する．ゆえに，命題 1.3.8 より，$A_n \subset D(A_n)$ となり，結果を得る．

補題 1.8.4　G を群とする．$G/D(G)$ はアーベル群である．

証明　任意の $x, y \in G$ に対し，
$$xD(G) \cdot yD(G) \cdot x^{-1}D(G) \cdot y^{-1}D(G) = [x,y]D(G) = D(G)$$
だから $G/D(G)$ はアーベル群である． ∎

定理 1.8.5　G を群とする．$G \triangleright N$ に対し，G/N がアーベル群であるための必要十分条件は，$N \supset D(G)$ となることである．

証明　$N \supset D(G)$ ならば，自然な全射準同型写像
$$\begin{array}{rcl} G/D(G) & \longrightarrow & G/N \\ xD(G) & \mapsto & xN \end{array}$$
が存在する．補題 1.8.4 より十分性がしたがう．

G/N がアーベル群ならば，任意の $x, y \in G$ に対し，
$$N = xN \cdot yN \cdot x^{-1}N \cdot y^{-1}N = [x,y]N$$
が成り立つから，$[x,y] \in N$ となる．したがって，$D(G) \subset N$ を得る． ∎

群 G に対し，
$$\begin{aligned} D_0(G) &= G \\ D_1(G) &= D(G) \\ D_2(G) &= D(D_1(G)) \\ D_3(G) &= D(D_2(G)) \\ &\vdots \\ D_i(G) &= D(D_{i-1}(G)) \end{aligned}$$
とおく．このとき，
$$G = D_0(G) \supset D_1(G) \supset D_2(G) \supset \cdots \supset D_i(G) \supset \cdots$$
となり，

(i) $D_i(G) \triangleright D_{i+1}(G)$.

(ii) $D_i(G)/D_{i+1}(G)$ はアーベル群.

が成り立つ. この列を**交換子群列** (tower of commutator subgroups) という.

定義 1.8.6 G を群, e を G の単位元とする. ある自然数 n が存在して $D_n(G) = \{e\}$ となるとき, G を**可解群** (solvable group) という. そうでないとき, G を**非可解群** (non-solvable group) という.

定理 1.8.7 G を可解群とする. このとき, G の部分群も剰余群も可解群である.

証明 H を G の部分群とする. このとき,

$$D_1(G) \supset D_1(H),\ D_2(G) \supset D_2(H),\ \cdots,\ D_i(G) \supset D_i(H), \cdots$$

が成立する. G は可解群だから, ある自然数 n が存在して $D_n(G) = \{e\}$ となる. ゆえに, $D_n(H) = \{e\}$ となり H は可解群である.

次に, $G \triangleright N$ とする. このとき, 任意の $aN, bN \in G/N$ に対し,

$$[aN, bN] = [a, b]N$$

だから,

$$D(G/N) = D(G)N/N$$

が成立する. したがって, 次々と交換子群をつくっていけば,

$$D_i(G/N) = D_i(G)N/N$$

となる. G は可解群だから, ある自然数 n が存在して $D_n(G) = \{e\}$ となる. ゆえに, $D_n(G/N)$ は単位元だけからなり, G/N は可解群となる. ∎

定理 1.8.8 $G \triangleright N$ とする. G が可解群であるための必要十分条件は, N と G/N が可解群であることである.

証明 必要性は定理 1.8.7 で示されている．G の単位元を e，G/N の単位元を $\bar{e}$ とし，$D_n(N) = \{e\}, D_m(G/N) = \{\bar{e}\}$ とする．このとき，$D_m(G) \subset N$ となるから，
$$D_{m+n}(G) = D_n(D_m(G)) \subset D_n(N) = \{e\}.$$
したがって，$D_{m+n}(G) = \{e\}$ となり，G は可解群となる． ∎

【例 1.8.9】 n 次対称群 S_n，n 次交代群 A_n は

$n \leq 4$ のとき可解群，

$n \geq 5$ のとき非可解群

である．なぜならば，例 1.8.3 より，$n \geq 5$ ならば，$D(A_n) = A_n$ ゆえ，A_n は非可解群である．また，例 1.8.2 より，$D(S_n) = A_n$ だから，$n \geq 5$ ならば，S_n も非可解群である．$n = 1, 2$ のときは自明である．

$n = 3$ とする．$D(S_3) = A_3$ であり，A_3 は $(1\,2\,3)$ で生成される巡回群である．ゆえに，
$$D_2(S_3) = D(A_3) = \{e\}$$
となり，S_3, A_3 は可解群である．

$n = 4$ とする．$D(S_4) = A_4$ である．
$$V_4 = \{e, (1\,2)(3\,4), (1\,3)(2\,4), (1\,4)(2\,3)\}$$
とおけば，V_4 はクラインの 4 群である．$1 \leq i < j < k < \ell \leq n$ をとれば，
$$[(i\,j\,k), (i\,k\,\ell)] = (i\,j)(k\,\ell)$$
より，$D(A_4) \supset V_4$ となる．また，$A_4 \triangleright V_4$ で A_4/V_4 は位数 3 の巡回群だから可換群である．ゆえに，$D(A_4/V_4) = \{\bar{e}\}$ となり，$D(A_4) \subset V_4$ を得，$D(A_4) = V_4$ となる．したがって，
$$D_3(S_4) = D_2(A_4) = D(V_4) = \{e\}$$
となり，S_4, A_4 は可解群となる．

【例 1.8.10】 非可換単純群は非可解群である．なぜならば，非可換単純群 G の交換子群 $D(G)$ は，G が自明でない正規部分群を含まないことから，G

または $\{e\}$ に等しい．G は可換ではないから $D(G) = G$ を得る．したがって，G は可解にはなりえない．

可解群に関するいくつかの事実を証明なしで与えておこう．とくに，ファイト・トンプソンの定理は大変深い結果であり，トンプソンはこの業績により，1970 年にフィールズ賞を授与された．

【例 1.8.11】 位数が 60 未満の有限群は可解群である．位数最小の非可解群は 5 次の交代群 A_5 でその位数は 60 である．

【例 1.8.12】 p を素数とするとき，p 群は可解群である．

【例 1.8.13】 [バーンサイド] p, q を相異なる素数，a, b を自然数とするとき，位数が $p^a q^b$ の形の有限群は可解群である．

【例 1.8.14】 [ファイト・トンプソン] 位数が奇数の有限群は可解群である．

1.9　シローの定理

本節では，有限群を調べるとき基本的な役割を果たすシローの定理について述べる．証明はそれほど難しくはないが，入門段階では必要ないと思われるので，本書では省略し，定理の使い方を重視して応用例をいくつか挙げる．

定義 1.9.1　G を有限群，p を素数とする．自然数 a に対して $|G|$ が p^a で割り切れ，p^{a+1} では割り切れないとする．位数 p^a の部分群を G の **p-シロー部分群** (p-Sylow subgroup) という．

定理 1.9.2（シローの定理）　G を有限群，p を素数とする．自然数 a に対して，$|G|$ が p^a で割り切れ，p^{a+1} では割り切れないとする．
 (i) p^b $(1 \leq b \leq a)$ に対し，G は位数 p^b の部分群を含む．とくに，G は p-シロー部分群を含む．
 (ii) 位数 p^b $(1 \leq b \leq a)$ の部分群はある p-シロー部分群に含まれる．
 (iii) p-シロー部分群は互いに共役である．p-シロー部分群の 1 つを P とす

(iv) p-シロー部分群の個数は $|G|/p^a$ の約数であり，その個数はある 0 以上の整数 r に対し，$1+rp$ の形である．

注意 1.9.3 p-シロー部分群がただ 1 つであれば，シローの定理 (iii) からその群は正規部分群になる．

注意 1.9.4 G を有限群，p を G の位数を割る素数とする．このとき，定理 1.9.2 (i) から，G には位数 p の元が存在することがわかる．一般には，自然数 n が G の位数を割っても，G に位数 n の元が存在するとは限らない．このことは，G の位数が n であるとき，G に位数 n の元が存在すれば，G は巡回群になってしまうことを考えると容易に理解できよう．

【例 1.9.5】 p, q を $p<q$ なる素数とし，$q \not\equiv 1 \bmod p$ を満たすとする．このとき，位数 pq の群 G は巡回群であることを示そう．

 G の p-シロー部分群を H_p，q-シロー部分群を H_q とする．p-シロー部分群の数は $1+pr$ の形で，それは $pq/p=q$ の約数である．$q \not\equiv 1 \bmod p$ だから $r=0$ を得る．ゆえに，H_p はただ 1 つの p-シロー部分群であり，p-シロー部分群は互いに共役であるから，$G \triangleright H_p$ となる．q-シロー部分群の数は $1+qr$ の形で，それは $pq/p=p$ の約数である．$p<q$ であるから，$r=0$ であり，同様に $G \triangleright H_q$ となる．$H_p \cap H_q$ に単位元以外の元があれば，位数 p かつ位数 q であり，p と q は相異なる素数であるから，これは矛盾である．ゆえに $H_p \cap H_q = \{e\}$ となる．$H_p H_q$ は G の部分群であるが，位数 p の元，および位数 q の元を含む．したがって，$pq \mid |H_p H_q|$ となるから $|G|=pq$ より $G=H_p H_q$ を得る．以上から，G は H_p と H_q の直積に分解され，

$$G \cong H_p \times H_q \cong \mathbf{Z}/p\mathbf{Z} \times \mathbf{Z}/q\mathbf{Z} \cong \mathbf{Z}/pq\mathbf{Z}$$

となり，G は巡回群となる．

 この事実を用いると，位数 $15, 33, 35, 51$ の群は巡回群であることがわかる．

【例 1.9.6】 位数 12 の群 G はバーンサイドの定理を用いると可解群であることがわかるが，ここではこの事実をシローの定理から導いてみよう．

G の 2-シロー部分群の 1 つを H_2, 3-シロー部分群の 1 つを H_3 とする. 2-シロー部分群の数は $2r+1$ の形で表わされ, それは $12/4 = 3$ の約数. ゆえに, $r = 0$ または 1 となり, その数は 1 個または 3 個. 3-シロー部分群の数は $3r+1$ の形で表わされ, それは $12/3 = 4$ の約数. ゆえに, $r = 0$ または 1 となり, その数は 1 個または 4 個. そこで, G が 3-シロー部分群を 4 個持つとする. 相異なる 2 個の 3-シロー部分群の共通部分は単位元だけであり, このことから相異なる 3-シロー部分群 4 個の合併集合は, $2 \times 4 + 1 = 9$ 個の元を含む. したがって, 位数が 2 または 4 になる元は $12 - 9 = 3$ 個以下しか存在しえない. このことは, 2-シロー部分群が 2 個以上は存在しえないことを意味する. したがって $G \triangleright H_2$ となり, G/H_2 は位数 3 の巡回群になる. H_2 は位数 2^2 だから, 例 1.7.4 より可換群である. ゆえに, $D(G/H_2) = \{\bar{e}\}$ だから, $D(G) \subset H_2$ となり,

$$D_2(G) \subset D(H_2) = \{e\}$$

を得る. ゆえに, $D_2(G) = \{e\}$ となり, G は可解群である. 次に, G が 3-シロー部分群を 1 個しか持たないとすると, $G \triangleright H_3$ となり, G/H_3 は位数 4 の群になるが, この群は例 1.7.4 より可換群である. ゆえに, 上記と同様にして,

$$D_2(G) \subset D(H_3) = \{e\}$$

となり, G は可解群になる.

章末問題

(1) $G = \{\varphi : \mathbf{R} \to \mathbf{R} \mid \varphi(x) = ax + b,\ ただし\ 0 \neq a \in \mathbf{R}, b \in \mathbf{R}, {}^\forall x \in \mathbf{R}\}$ は合成に関して群になることを示せ.

(2) $G = \left\{\varphi : \mathbf{C} \cup \{\infty\} \to \mathbf{C} \cup \{\infty\} \,\middle|\, \varphi(z) = \dfrac{az + b}{cz + d},\ a, b, c, d \in \mathbf{C},\ ad - bc \neq 0\right\}$ は合成に関して群になることを示せ.

(3) 群の定義で,結合律の他に右単位元,右逆元の存在のみを仮定すれば十分であることを示せ.

(4) G を群とし,どの元の位数も有限であるとする.このとき G の空でない部分集合 S が G の部分群になるための必要十分条件は,$S \cdot S \subset S$ であることを示せ.また,G に無限位数の元があるときは必ずしも正しくない.反例を挙げよ.

(5) G を群,H, H' が G の部分群のとき,

$$H \cdot H'\ が\ G\ の部分群 \iff H \cdot H' = H' \cdot H$$

であることを示せ.

(6) 次の群は自明でない有限部分群を持つか.

(i) $\mathbf{C}^*$ (ii) $\mathbf{R}$ (iii) $SL(2, \mathbf{Z})$

(iv) 上半三角べき単実行列の全体(すなわち,上半三角実行列で,対角成分がすべて 1 であるものの全体).

(7) 群が自明でない部分群を持たないための必要十分条件は,素数位数の巡回群または $\{e\}$ であることを示せ.

(8) G を位数 n の有限群とするとき,G の部分群の個数は高々 2^{n-1} であることを示せ.また,ちょうど 2^{n-1} 個の部分群を持つ G の構造を決定せよ.

(9) 有理数の加法群は有限個の元で生成されるか.

(10) $SL(2, \mathbf{Z})$ は,$\begin{pmatrix} 1 & 1 \\ 0 & 1 \end{pmatrix}$ および $\begin{pmatrix} 0 & 1 \\ -1 & 0 \end{pmatrix}$ で生成されることを示せ.

(11) n 次対称群 S_n は,$(1\ 2)$ と $(1\ 2\ \cdots n)$ で生成されることを示せ.

(12) G が有限群ならば任意の $x, y, z \in G$ に対し,

$$\mathrm{ord}\ xy = \mathrm{ord}\ yx, \quad \mathrm{ord}\ xyz = \mathrm{ord}\ yzx = \mathrm{ord}\ zxy$$

が成立することを示せ.

(13) G を群とする．すべての元の位数が 2 または 1 ならば，G は可換群であることを示せ．

(14) n 個の相異なる複素数があり，それらが積に関して群をなすという．n 個の複素数を求めよ．

(15) n 次対称群 S_n，n 次交代群 A_n の中心を求めよ．

(16) 一般線形群 $GL(n, \mathbf{C})$ の中心を求めよ．

(17) n 次 2 面体群 D_n の中心を求めよ．

(18) 4 元数群 Q_3 の中心を求めよ．

(19) 位数 4 の巡回群 $\mathbf{Z}/4\mathbf{Z}$ からクラインの 4 群への準同型写像をすべて求めよ．また，クラインの 4 群から $\mathbf{Z}/4\mathbf{Z}$ への準同型写像もすべて求めよ．

(20) 無限巡回群 $\mathbf{Z}$ から有限群 G への相異なる準同型写像の数を求めよ．また有限巡回群 $\mathbf{Z}/n\mathbf{Z}$ から有限群 G への相異なる準同型写像の数を求めよ．

(21) 位数 n の有限群 G の自己同型写像の個数は $n \log_2 n$ 以下であることを示せ．

(22) 次の群の自己準同型写像をすべて求めよ．

    (i) 位数 n ($< \infty$) の巡回群 $\mathbf{Z}/n\mathbf{Z}$

    (ii) 無限巡回群 $\mathbf{Z}$ (iii) 加法群 $\mathbf{Q}$ (iv) クラインの 4 群

(23) 位数 n の有限群 G は必ず n 次対称群 S_n のある部分群と同型であることを示せ．

(24) 正の実数全体がつくる乗法群 $\mathbf{R}_{>0}$ は，実数全体がつくる加法群 $\mathbf{R}$ と同型である．0 でない実数のつくる乗法群 $\mathbf{R}^*$ は加法群 $\mathbf{R}$ と同型ではない．これらを示せ．

(25) G を有限群，H, H' をその部分群とする．$|H|, |H'|$ が互いに素なら $H \cap H' = \{e\}$ であることを示せ．

(26) 3 次対称群 S_3 を，$H = \{1, (1\ 2)\}$ で，左剰余類および右剰余類に類別せよ．

(27) 3 次対称群 S_3 の部分群をすべて求めよ．そのうち正規部分群はどれか．

(28) 4 次交代群 A_4 の部分群をすべて求めよ．

(29) G を群，N, N' をその正規部分群とする．もし $G/N, G/N'$ が可換群なら $G/(N \cap N')$ も可換群であることを示せ．

(30) G を群，$G \triangleright N, [G : N] < \infty$ とする．G の元 x が位数有限で，$[G : N]$ と素であれば，N の元であることを示せ．

(31) $G/Z(G)$ が巡回群ならば，G は可換群であることを示せ．つまり，$G/Z(G) = \{e\}$ となってしまう．

(32) $Z(G) = \{e\}$ ならば，$Z(\mathrm{Aut}(G)) = \{id\}$ (id : 恒等写像) であることを示せ．

(33) 群 G の自己同型写像全体が合成でなす群 $\mathrm{Aut}(G)$ の中で，内部自己同型写像全体のなす群 $\mathrm{I}(G)$ は正規部分群であることを示せ．

(34) 3 次対称群 S_3 の自己同型群は S_3 と同型である．

(35) 4 次対称群 S_4 において，
$$V_4 = \{e, (1\ 2)(3\ 4), (1\ 3)(2\ 4), (1\ 4)(2\ 3)\}$$
は正規部分群であり，$S_4/V_4 \cong S_3$ であることを示せ．

(36) n 次交代群 A_n $(n \geq 5)$ は単純群であることを示せ．

(37) 位数 5 以下の群を分類せよ．

(38) G を群，$G \triangleright N$ とする．H は G の部分群で，
$$G = N \cdot H,\ N \cap H = \{e\}$$
が成立するとき，G を N と H との**半直積** (semidirect product) という．このとき，$G/N \cong H$ であることを示せ．また，n 次対称群 S_n を半直積に分解せよ．分解の方法は一般にはいろいろあるが 1 つだけ求めればよい．

(39) 次のような群の例を求めよ．

  (i) G を群とするとき，$G \triangleright N, G/N \cong H$ であって，G が H と同型な群を含まない例．

  (ii) 半直積であって直積ではない例．

(40) $\mathbf{Q}$ は自明ではない直積に分解できないことを示せ．また，$\mathbf{Q}/\mathbf{Z}$ はどうか．

(41) G を群，$G \triangleright N$ とする．$f: G \longrightarrow N$ なる準同型写像で，部分群 N への制限が恒等的なものが存在すれば，G は直積に分解されることを示せ．

(42) G を正規部分群 M と N を持つ有限群とし，H を G の部分群とする．M と H の位数，N と H の位数が互いに素であると仮定する．このとき，$HM/M \cong HN/N$ を証明せよ．

(43) 群とその準同型のつくる可換な図式

$$\begin{array}{ccccc} G & \xrightarrow{\phi} & H & \xrightarrow{\psi} & K \\ \downarrow\alpha & & \downarrow\beta & & \downarrow\gamma \\ G' & \xrightarrow{\phi'} & H' & \xrightarrow{\psi'} & K' \end{array}$$

において，$\mathrm{Im}\,\phi = \mathrm{Ker}\,\psi, \mathrm{Im}\,\phi' = \mathrm{Ker}\,\psi'$ とする．そのとき，剰余群に関する下記の同型が成り立つことを証明せよ．

$$\{\mathrm{Im}\,\beta \cap \mathrm{Im}\,\phi'\}/\mathrm{Im}\,(\beta \circ \phi) \cong \mathrm{Ker}\,(\gamma \circ \psi)/(\mathrm{Ker}\,\beta\ \mathrm{Ker}\,\psi).$$

(44) G を有限アーベル群とする．G が巡回群であるための必要十分条件は，$|G|$ を割るすべての素数 p について $|\{x \in G \mid x^p = e\}| \leq p$ となることであることを示せ．

(45) $\mathbf{Z}/m\mathbf{Z} \times \mathbf{Z}/n\mathbf{Z}$ が巡回群になるための自然数 m, n についての条件は何か．

(46) H, K を群 G の部分群とする．$a, b \in G$ のとき，

$$a \sim b \iff b = xay \text{ を満たす } x \in H, y \in K \text{ が存在する}$$

と定義する．この関係 $\sim$ は同値関係になる．$a \in G$ を含む同値類は HaK である．これを G の H, K による**両側剰余類** (double coset) という．その全体を $H \backslash G / K$ と書き，G の H, K による両側分解という．とくに，$H = K$ のとき，たんに G の H による**両側分解** (double coset decomposition) という．3 次対称群 S_3 の $H = \langle (1\ 2) \rangle$ による両側分解を求めよ．

(47) n 次対称群 S_n の 2 元が共役となるための条件を求めよ．また，A_n の 2 元が共役となるための条件を求めよ．

(48) 3 次対称群 S_3 を共役類に類別せよ．

(49) 4 次交代群 A_4 を共役類に類別せよ．それを用いて，A_4 は位数 6 の部分群を持たないことを示せ．

(50) n 次 2 面体群 D_n を共役類に類別せよ．

(51) 4 元数群 Q_3 を共役類に類別せよ．

(52) 有限群 G が 3 つの共役類からなるという．群 G の構造を決定せよ．

(53) Ω を n 個の元からなる集合とし，対称群 S_n がこの上に n 文字の置換として作用しているとする．S_n の部分群 G で次の性質を満たすものを考える．
  (i) G はアーベル群である．
  (ii) 任意の $i, j \in \Omega$ に対して $\sigma(i) = j$ となる $\sigma \in G$ が存在する．
  このとき，群 G の位数を求めよ．

(54) $GL(2, \mathbf{C})$ の交換子群を求めよ．

(55) $SL(2, \mathbf{C})$ の交換子群を求めよ．

(56) n 次 2 面体群 D_n の交換子群を求めよ．

(57) 4 元数群 Q_3 の交換子群を求めよ．

(58) G を群とする．G の部分群 H に対し，$[H, G]$ を $\{hgh^{-1}g^{-1} \mid h \in H, g \in G\}$ によって生成される部分群とする．

$$R_0 = G, R_1 = [G, G], R_2 = [R_1, G], \cdots, R_i = [R_{i-1}, G], \cdots$$

とおき，R_i を G の第 i-ライデマイスター交換子群 (Reidemeister commutator subgroup) とよぶ．また，ある n があって $R_n = \{e\}$ となるとき，G を**べき零群** (nilpotent group) と呼ぶ．可換群ならばべき零群であり，べき零群ならば可解群であることを示せ．また，この逆が成り立たない例を挙げよ．

(59) G の中心を Z, G/Z の中心を Z_1/Z, G/Z_1 の中心を $Z_2/Z_1, \cdots$ によって Z_i たちを定義する．
$$\{e\} \subset Z \subset Z_1 \subset Z_2 \subset \cdots$$
において，ある n について，$Z_n = G$ が成立することと G がべき零群であることは同値であることを示せ．

(60) 有限 p 群はべき零群であることを示せ．

(61) 位数 200 の群には，自明でない正規なシロー部分群が存在することを示せ．

(62) 位数 255 の群は巡回群になることを示せ．

(63) 位数 30 の群は可解群になることを示せ．

(64) $|G| = 168$ とする．G が単純群であるとき，G に存在する位数 7 の元の数を求めよ．

(65) 位数 $2p$ (p は奇素数) の群の構造を求めよ．

第2章 環の理論

2.1 環の定義

前章では 2 項演算が 1 つ与えられた群という代数系を導入し，その基礎理論の解説を行った．本章では 2 項演算が 2 つ与えられた環という代数系を導入しよう．

定義 2.1.1 R を空でない集合とする．R に 2 つの 2 項演算，和 (addition)「+」と積 (multiplication)「·」が与えられていて，次の 3 条件を満たすとき，R を**環** (ring) という．

(R1) 和について可換群である．
(R2) 積について結合法則を満たす．つまり，任意の $a, b, c \in R$ に対し，
$$a \cdot (b \cdot c) = (a \cdot b) \cdot c$$
が成り立つ．
(R3) 分配法則を満たす．つまり，任意の $a, b, c \in R$ に対し，
$$a \cdot (b + c) = a \cdot b + a \cdot c$$
$$(a + b) \cdot c = ac + bc$$
が成り立つ．

注意 2.1.2 和に関する単位元を 0 と書き，R の**零元** (zero element) という．群の章で述べた結果により零元はただ 1 つ存在する．和に関する $a \in R$ の逆元を $-a$ と書く．群の章で述べた結果により a の和に関する逆元もただ 1 つ存在する．また，和は括弧の付け方によらないことも群の章で述べたとおりであり，したがっ

て，$a_1, a_2, \cdots, a_n \in R$ に対し，
$$a_1 + a_2 + \cdots + a_n$$
という表記が可能となる．

注意 2.1.3 群の場合と同様に，$a \cdot b$ をしばしば ab と書く．また，積は括弧の付け方によらないことが結合法則からしたがうことも群の章で述べたとおりであり，$a_1, a_2, \cdots, a_n \in R$ に対し，
$$a_1 a_2 \cdots a_n$$
という表記が可能となる．

注意 2.1.4 次の等式が成立する．
$$\begin{cases} a0 = 0a = 0 \\ a(-b) = (-a)b = -ab \\ (-a)(-b) = ab \end{cases}$$
なぜならば，$a0 = a(0+0) = a0 + a0$ の両辺に $-a0$ を加えて，$a0 = 0$ となる．また，
$$ab + (-a)b = (a + (-a))b = 0b = 0$$
より，$-ab = (-a)b$ となる．
$$0 = (-a)0 = (-a)(b + (-b)) = (-a)b + (-a)(-b) = -ab + (-a)(-b)$$
より，$(-a)(-b) = -(-ab) = ab$ を得る．他も同様である．

注意 2.1.5 一般分配法則
$$\begin{aligned}
&(a_1 + a_2 + \cdots + a_n)(b_1 + b_2 + \cdots + b_m) \\
&= a_1 b_1 + \cdots + a_1 b_m \\
& + a_2 b_1 + \cdots + a_2 b_m \\
& \quad \vdots \\
& + a_n b_1 + \cdots + a_n b_m
\end{aligned}$$
が成立する．この事実は n に関する帰納法で容易に示すことができるので，詳細は読者に委ねる．

定義 2.1.6 環 R が次の条件 (R4) を満たすとき, R を**可換環** (commutative ring) という.

(R4)（交換法則）任意の $a, b \in R$ に対し, $ab = ba$ が成り立つ.

定義 2.1.7 環 R の元 e で任意の元 $a \in R$ に対して,
$$ae = ea = a$$
となるものが存在するとき, R を**単位元を持つ環** (unitary ring) という. e を R の**単位元** (identity element) という. e のことを 1 と書くこともある.

以下, たんに単位元といえば, 積に関する単位元を意味するものとする.

定義 2.1.8 R を単位元 e を持つ環とする. $a \in R$ に対し,
$$aa' = a'a = e$$
となる元 a' が存在するとき a を R の**単元** (unit), または**可逆元** (invertible element) という. R の単元全体をしばしば R^* と書く.

注意 2.1.9 R を単位元 e を持つ環とする. R の単元全体 R^* は群をなす. なぜならば, 結合法則は環の定義から成立する. $e \cdot e = e$ より, e は R の単元であるから $e \in R^*$. x が R の単元ならば, その逆元 x' も単元になるから $x' \in R^*$. したがって, R^* は群になる.

【例 2.1.10】 0 のみからなる環 $\{0\}$ を**零環** (zero ring) という. 2 項演算は具体的には,
$$0 + 0 = 0, \ 0 \cdot 0 = 0$$
で与えられる.

【例 2.1.11】 整数全体の集合 **Z** は普通の和と積によって環になる. この環を**有理整数環** (ring of rational integers) という. この環は単位元 1 を持つ環である. 偶数全体の集合 2**Z** も普通の和と積によって環となるが, この環は

単位元を持たない.

【例 2.1.12】 x を変数とし，実数を係数とする 1 変数多項式全体の集合を $\mathbf{R}[x]$ とする．$\mathbf{R}[x]$ は多項式の和と積を 2 項演算として環になる．この環を $\mathbf{R}$ 上の **1 変数多項式環** (polynomial ring in one variable) という．

【例 2.1.13】 $M(n, \mathbf{R})$ を $\mathbf{R}$ 上の n 次正方行列全体の集合とする．$M(n, \mathbf{R})$ は行列の和と積によって環となる．この環を n 次**全行列環** (total matrix algebra) という．この環は $n \geq 2$ ならば非可換環である．また，単元のなす群は一般線形群 $GL(n, \mathbf{R})$ である．$M(n, \mathbf{R})$ を $M_n(\mathbf{R})$ と書くこともある．

【例 2.1.14】 d を平方因子を持たない整数として
$$\mathbf{Z}[\sqrt{d}] = \{x + y\sqrt{d} \mid x, y \in \mathbf{Z}\}$$
とおく．$\mathbf{Z}[\sqrt{d}]$ は普通の和と積によって可換環になる．

【例 2.1.15】 実数軸 $\mathbf{R}$ 上の実数値関数の全体を $\mathcal{F}(\mathbf{R})$ とし，2 項演算を
$$\text{和} \quad (f + g)(x) = f(x) + g(x)$$
$$\text{積} \quad (f \cdot g)(x) = f(x)g(x)$$
によって定義する．これによって，$\mathcal{F}(\mathbf{R})$ は単位元を持つ可換環になる．零元は零写像 $f_0(x) = 0 \ (\forall x \in \mathbf{R})$，単位元は定数関数 $f_1(x) = 1 \ (\forall x \in \mathbf{R})$ である．

【例 2.1.16】 加法群 M の自己準同型写像全体の集合を $\text{End}(M)$ とし，2 項演算を
$$\text{和} \quad (f + g)(x) = f(x) + g(x)$$
$$\text{積} \quad (f \cdot g)(x) = f(g(x))$$
によって定義する．このとき $\text{End}(M)$ は単位元を持つ環になる．零元は零写像 $f_0(x) = 0 \ (\forall x \in M)$，単位元は恒等写像 $id(x) = x \ (\forall x \in M)$ である．

以下，本書においては単位元を持つ環というときには零環ではないとする．

注意 2.1.17 単位元を持つ環 R においては，単位元 e と 0 は異なる．なぜならば，$e = 0$ と仮定し，0 ではない元 $a \in R$ をとる．このとき，

$$a = ae = a0 = 0$$

となり a のとり方に反する. ゆえに, $e \neq 0$.

定義 2.1.18 K を単位元を持つ環とする. 0 以外のすべての元が単元であるとき, K を**斜体** (skew field) という. 可換な斜体を**体** (field) という.

【**例 2.1.19**】 有理数全体の集合 **Q** は普通の和と積によって体となる. この体を**有理数体** (field of rational numbers) という. 実数全体の集合 **R** は普通の和と積によって体となる. この体を**実数体** (field of real numbers) という. 複素数全体の集合 **C** は普通の和と積によって体となる. この体を**複素数体** (field of complex numbers) という. 整数全体の集合は普通の和と積によって体にはならない. たとえば 2 には逆元が存在しないからである.

【**例 2.1.20**】 $1, i, j, k$ を基底とする **R** 上の 4 次元ベクトル空間

$$\mathbf{H} = \mathbf{R}1 + \mathbf{R}i + \mathbf{R}j + \mathbf{R}k$$

を考える. 和はベクトル空間としての和を考え, 積は

$$ij = k, jk = i, ki = j$$
$$i^2 = -1, j^2 = -1, k^2 = -1$$

なる関係を分配法則によって **H** 全体に延長して定義する. ただし, 1 を単位元とする. このとき, **H** は斜体となる. **H** を**ハミルトンの 4 元数体** (Hamilton quaternion field) という.

【**例 2.1.21**】 k を体, G を位数 n の有限群とする. G の元を不定元とし, G の元を基底とする k 上のベクトル空間 $k[G]$ を考える. $G = \{s_1, s_2, \cdots, s_n\}$ とするとき, $k[G]$ の元は $a_1 x_1 + \cdots + a_n x_n$ ($a_i \in k, x_i \in G$ ($i = 1, 2, \cdots, n$)) と書ける. $x, y \in G$ に対し, G において $xy = z$ とすれば, $k[G]$ において, $a, b \in k$ に対し ax, by の積を,

$$(ax) \cdot (by) = abz$$

と定義する．$k[G]$ の一般の元に対する積は分配法則を用いて定義する．ベクトル空間としての和とこの積によって，$k[G]$ は環になる．この環 $k[G]$ を G の k 上の**群環** (group ring) という．この環の単位元は群 G の単位元 e である．

R を環とする．$a \in R$ に対し 0 ではない $b \in R$ があって，$ab = 0$ となるとき，a を**左零因子** (left zero divisor) という．また，0 ではない $c \in R$ があって，$ca = 0$ となるとき，a を**右零因子** (right zero divisor) という．

R が可換環のとき，左零因子と右零因子の区別はないから，たんに**零因子** (zero divisor) という．R が可換でないときにも，左零因子と右零因子を総称して零因子ということもある．

$a \in R$ に対し自然数 n があって，$a^n = 0$ となるとき，a を**べき零元** (nilpotent element) という．

【例 2.1.22】 $R = M(2, \mathbf{R}) \ni a = \begin{pmatrix} 1 & 0 \\ 0 & 0 \end{pmatrix}$ に対し $b = \begin{pmatrix} 0 & 0 \\ 0 & 1 \end{pmatrix}$ とおけば，$ab = 0$ より a は左零因子である．しかし，a はべき零元ではない．$c = \begin{pmatrix} 0 & 1 \\ 0 & 0 \end{pmatrix}$ は $c^2 = 0$ を満たすから零因子であり，かつべき零元である．

命題 2.1.23 環 R の元 a がべき零元であれば，a は零因子である．

証明 ある自然数 n があって $a^n = 0$ だから，そのような自然数のうち最小のものを再び n とする．$b = a^{n-1}$ とおけば $b \neq 0$ であり，$ab = 0$ となるから結果を得る． ∎

定義 2.1.24 単位元を持つ可換環が 0 以外に零因子を持たないとき，R を**整域** (integral domain) という．

【例 2.1.25】 有理整数環 $\mathbf{Z}$ は整域である．

命題 2.1.26 体は整域である．

証明 体 F の元 $a \neq 0$ が零因子であるとする. $b \in R, b \neq 0$ があって, $ab = 0$ となる. a^{-1} を両辺に左からかけて, $b = 0$ となり矛盾を得る. ∎

系 2.1.27 体は 0 以外に零因子もべき零元も持たない.

2.2 部分環と直積

定義 2.2.1 R を環, S を R の空でない部分集合とする. R の和と積を S に制限したものによって S が環になるとき, S を R の**部分環** (subring) という. とくに, $R = F$ が体で K が F の空でない部分集合のとき, F の和と積を K に制限したものによって K が体になるとき, K は F の**部分体** (subfield) という.

【例 2.2.2】 $\mathbf{C} \supset \mathbf{Z}$ において, $\mathbf{Z}$ は $\mathbf{C}$ の部分環である. $\mathbf{C} \supset \mathbf{Q}$ において, $\mathbf{Q}$ は $\mathbf{C}$ の部分体である.

【例 2.2.3】 $M(n, \mathbf{C}) \supset M(n, \mathbf{Q})$ において, $M(n, \mathbf{Q})$ は $M(n, \mathbf{C})$ の部分環である.

【例 2.2.4】 R を環とするとき, R と $\{0\}$ を R の**自明な部分環** (trivial subring) という.

注意 2.2.5 R を環, S を R の部分環とする.
 (i) R を可換環とすれば S も可換環である.
 (ii) R が単位元を持つ環であっても, S は単位元を持つ環であるとは限らない. $\mathbf{Z} \supset 2\mathbf{Z}$ がそのような例になる.
 (iii) R が単位元を持つ環, S も単位元を持つ環であっても, 両者の単位元が一致するとは限らない. たとえば, $M(2, \mathbf{R})$ の部分環
$$S = \left\{ \begin{pmatrix} a & 0 \\ 0 & 0 \end{pmatrix} \,\middle|\, a \in R \right\}$$
を考えれば, $M(2, \mathbf{R})$ の単位元は

であり，S の単位元は

$$\begin{pmatrix} 1 & 0 \\ 0 & 0 \end{pmatrix}$$

で与えられる．

(iv) $R = F$ が体，K をその部分体とする．このとき，K の単位元 e_K は F の単位元 e_F に一致する．なぜならば，K は体だから，0 ではない元 x を含む．K において，$xe_K = x$ が成立する．x の F における逆元 x^{-1} をとれば，

$$e_K = e_F e_K = (x^{-1}x)e_K = x^{-1}(xe_K) = x^{-1}x = e_F$$

となる．

定理 2.2.6 R を環，S をその空ではない部分集合とする．このとき次は同値である．

 (i) S は R の部分環である．
 (ii) $a, b \in S \implies a + b, ab \in S$,
    $0 \in S$,
    $c \in S \implies -c \in S$.
 (iii) $a, b \in S \implies a + b, -a, ab \in S$.
 (iv) $a, b \in S \implies -a + b, ab \in S$.

証明 (i) ならば (ii)，(ii) ならば (iii)，(iii) ならば (iv) は自明．(iv) は和については群になるための条件であり，積については積が定義できることを示している．積の結合法則，および分配法則は R が環であることから自動的にしたがう．以上から，(iv) ならば (i) がしたがう． ∎

次の定理も同様にして容易に示される．

定理 2.2.7 F を体，K をその空ではない部分集合とする．このとき次は同値である．

(i′) K は F の部分体である.

(ii′) 条件 (ii) に加えて,
$$c \in K,\ c \neq 0 \implies c^{-1} \in K$$
が成り立つ.

(iii′) 条件 (iii) に加えて,
$$c \in K,\ c \neq 0 \implies c^{-1} \in K$$
が成り立つ.

(iv′) $a, b \in K \implies -a + b \in K$,
$a, b \in K,\ a \neq 0 \implies a^{-1}b \in K$.

系 2.2.8 次が成り立つ.

(i) R を環, S_1, S_2 をその部分環とするならば, $S_1 \cap S_2$ も R の部分環である.

(ii) F を体, K_1, K_2 をその部分体とするならば, $K_1 \cap K_2$ も F の部分体である.

証明 a, b を $S_1 \cap S_2$ の任意の元とする. このとき, $a, b \in S_1$ かつ $a, b \in S_2$ であるから, 定理 2.2.6 より $-a + b, ab \in S_1$ かつ $-a + b, ab \in S_2$ となる. ゆえに, $-a + b, ab \in S_1 \cap S_2$ となり, 定理 2.2.6 によって $S_1 \cap S_2$ は F の部分環となる. (ii) も同様である. ∎

R を単位元 e を持つ環, S を e を含む R の部分環, A を R の部分集合とする. S と A を含むような R の部分環全体の族を $\{A_\lambda\}_{\lambda \in \Lambda}$ とする.
$$S[A] = \bigcap_{\lambda \in \Lambda} A_\lambda$$
とおき, $S[A]$ を S 上 A で生成された部分環, または S に A を添加して得られる部分環という. とくに, $A = \{a_1, \cdots, a_n\}$ のとき,
$$S[A] = S[a_1, \cdots, a_n]$$
と書く.

命題 2.2.9　$S[A]$ は S と A を含むような最小の部分環である.

証明　S と A を含むような部分環 $\tilde{A}$ があれば, $\tilde{A}$ は $\{A_\lambda\}_{\lambda \in \Lambda}$ の元である. ゆえに, $S[A] = \cap_{\lambda \in \Lambda} A_\lambda \subset \tilde{A}$ となるから, $S[A]$ は最小である. ∎

単位元 e を持つ可換環 R の元 a と自然数 n に対し,

$$a^n = \overbrace{a \cdot a \cdots \cdots a}^{n \text{ 個}}$$
$$a^0 = e$$

と定義する.

定理 2.2.10　R を単位元 e を持つ可換環, S を e を含む R の部分環, $A = \{a_1, \cdots, a_n\}$ を R の部分集合とする. このとき,

$S[a_1, \cdots, a_n] =$
$\{\sum_{\text{有限和}} c_{k_1 k_2 \cdots k_n} a_1^{k_1} \cdots a_n^{k_n} \mid c_{k_1 k_2 \cdots k_n} \in S;\ k_1, \cdots, k_n \text{ は } 0 \text{ 以上の整数}\}$

となる.

証明　等式の右辺を $\tilde{S}$ と書く. R の S と A を含む部分環は明らかに $\tilde{S}$ を含む. ゆえに, $S[A] \supset \tilde{S}$. また, $\tilde{S}$ は S と A を含むから, 命題 2.2.9 より $S[A] = \tilde{S}$ となる. ∎

F を体, K を F の部分体, A を F の部分集合とする. K と A を含むような F の部分体全体の族を $\{K_\lambda\}_{\lambda \in \Lambda}$ とする.

$$K(A) = \underset{\lambda \in \Lambda}{\cap} K_\lambda$$

とおき, K 上 A で生成された部分体, または K に A を添加して得られる部分体という. とくに, $A = \{a_1, \cdots, a_n\}$ のとき,

$$K(A) = K(a_1, \cdots, a_n)$$

と書く. 次の命題の証明は命題 2.2.9 と同様である.

命題 2.2.11　$K(A)$ は K と A を含むような最小の部分体である．

定理 2.2.12　F を体，K を F の部分体とする．$A = \{a_1, \cdots, a_n\}$ を F の部分集合とすれば，
$$K(a_1, \cdots, a_n) = \{ab^{-1} \mid a, b \in K[a_1, \cdots, a_n],\ b \neq 0\}$$
となる．

証明　等式の右辺を $\tilde{K}$ とする．F の K と A を含む部分体は明らかに $\tilde{K}$ を含む．ゆえに，$K(a_1, \cdots, a_n) \supset \tilde{K}$．また，$\tilde{K}$ は K と A を含むから，命題 2.2.11 より $K(a_1, \cdots, a_n) = \tilde{K}$ となる．　■

【例 2.2.13】　$\mathbf{R}$ を実数体，x を変数とする．
$$\mathbf{R}(x) = \{g(x)/f(x) \mid f(x), g(x) \text{ は } \mathbf{R} \text{ 係数多項式}, \quad f(x) \not\equiv 0\}$$
とおく．$\mathbf{R}$ と $\{x\}$ で生成される部分環は $\mathbf{R}$ を係数とする 1 変数多項式全体のなす環 $\mathbf{R}[x]$ である．$\mathbf{R}$ と $\{x\}$ で生成される部分体は $\mathbf{R}(x)$ 自身である．$\mathbf{R}(x)$ を $\mathbf{R}$ 上の **1 変数有理関数体** (rational function field in one variable) という．

【例 2.2.14】　有理数体 $\mathbf{Q}$ を複素数体 $\mathbf{C}$ の部分体と考え，純虚数 $i = \sqrt{-1}$ をとる．このとき，
$$\mathbf{Q}(i) = \mathbf{Q}[i] = \{a + bi \mid a, b \in \mathbf{Q}\}$$
となる．なぜならば，$\mathbf{Q}(i) \supset \mathbf{Q}[i]$ は明らかである．また，$\mathbf{Q}(i)$ の元は，$\mathbf{Q}$ 係数多項式 $f(x), g(x)$ で $g(i) \neq 0$ となるものを用いて $f(i)/g(i)$ と書けるが，$g(i)\overline{g(i)} \in \mathbf{Q}$ であるから，
$$f(i)/g(i) = f(i)\overline{g(i)}/g(i)\overline{g(i)} \in \mathbf{Q}[i]$$
となる．ここに，$\overline{g(i)}$ は $g(i)$ の複素共役を表わす．

R_1, R_2 を環とする．集合として直積

$$R_1 \times R_2 = \{(x_1, x_2) \mid x_1 \in R_1, x_2 \in R_2\}$$

に 2 項演算を

$$\text{和} \quad (x_1, x_2) + (y_1, y_2) = (x_1 + y_1, x_2 + y_2)$$
$$\text{積} \quad (x_1, x_2) \cdot (y_1, y_2) = (x_1 \cdot y_1, x_2 \cdot y_2)$$

によって定義すれば，$R_1 \times R_2$ は環となる．この環を R_1, R_2 の**直積** (direct product) といい，再び $R_1 \times R_2$ と書く．R_1 の零元を 0_1, R_2 の零元を 0_2 とすると，$R_1 \times R_2$ の零元は $(0_1, 0_2)$ で与えられる．

注意 2.2.15 $\{R_\lambda\}_{\lambda \in \Lambda}$ を環の族とする．このとき，これらの環の直積は，

$$\prod_{\lambda \in \Lambda} R_\lambda = \{(x_\lambda) \mid x_\lambda \in R_\lambda\}$$

で与えられる．

注意 2.2.16 R_1, R_2 を可換環とすれば，$R_1 \times R_2$ も可換環である．なぜならば，$x_1, y_1 \in R_1, x_2, y_2 \in R_2$ とすれば，

$$\begin{aligned}(x_1, x_2) \cdot (y_1, y_2) &= (x_1 \cdot y_1, x_2 \cdot y_2) \\ &= (y_1 \cdot x_1, y_2 \cdot x_2) \\ &= (y_1, y_2) \cdot (x_1, x_2)\end{aligned}$$

となる．

注意 2.2.17 R_1 を単位元 e_1 を持つ可換環，R_2 を単位元 e_2 を持つ可換環とすれば，$R_1 \times R_2$ も単位元 (e_1, e_2) を持つ可換環である．

2.3 多項式環

この節において，多項式に関する基本的な事項を整理する．R を単位元を持つ可換環，x を変数とする．$a_0, a_1, \cdots, a_{n-1}, a_n \in R$ に対し形式的に

$$f(x) = a_0 + a_1 x + \cdots + a_{n-1} x^{n-1} + a_n x^n$$

を考え，R 係数の **1 変数多項式** (polynomial in one variable) という．a_i $(i=0,1,\cdots,n)$ をこの多項式の**係数** (coefficient) という．a_0 をこの多項式の**定数項** (constant term) という．$a_n \neq 0$ であるとき，多項式 $f(x)$ の**次数** (degree) は n であるといい $\deg f(x) = n$ と書く．ただし，$\deg 0 = -\infty$ と定義する．

R 係数の 1 変数多項式全体の集合を $R[x]$ と書く．2 つの多項式 $f(x), g(x)$ が等しいことを，

$$f(x) = g(x) \iff f(x) \text{ と } g(x) \text{ の対応する係数が相等しい}$$

と定義する．多項式の和と積は普通の多項式の和と積として定義する．これによって $R[x]$ は可換環になる．$R[x]$ を R 上の **1 変数多項式環** (polynomial ring in one variable over R) という．R の元は，定数項だけの多項式とみなせるから，

$$R \subset R[x]$$

である．

命題 2.3.1　$R[x]$ が整域であるための必要十分条件は R が整域であることである．

証明　必要性は $R \subset R[x]$ からしたがう．$f(x), g(x) \in R[x]$ が $f(x)g(x) \equiv 0$ となるとする．$f(x) \not\equiv 0$ とし，

$$f(x) = a_0 + a_1 x + \cdots + a_{n-1}x^{n-1} + a_n x^n$$
$$g(x) = b_0 + b_1 x + \cdots + b_{m-1}x^{m-1} + b_m x^m$$

とする．$a_0 = a_1 = \cdots = a_{i-1} = 0$ で $a_i \neq 0$ となる i $(0 \leq i \leq n)$ が存在する．$f(x)g(x)$ を計算すれば，R は整域だから $a_i b_0 = 0$ より $b_0 = 0$．このとき，$a_i b_1 = 0$ より $b_1 = 0$．これを順次繰り返して，$b_0 = b_1 = \cdots = b_m = 0$ を得る．ゆえに $g(x) \equiv 0$ となる．■

R が整域であるとき，$f, g \in R[x]$ とすると，

$$\deg fg = \deg f + \deg g$$
$$\deg(f+g) \leq \max\{\deg f, \deg g\}$$

が成り立つ.

命題 2.3.2（剰余定理） 2元 $f, g \in R[x]$ に対し，g の最高次係数は単元であるとする．このとき，$q, r \in R[x]$ で，

$$f = qg + r, \quad \deg r < \deg g$$

を満たすものが存在する．q, r は一意的に決まる．

証明 $f(x), g(x) \in R[x]$ は，

$$f(x) = a_n x^n + a_{n-1} x^{n-1} + \cdots + a_1 x + a_0,$$
$$g(x) = b_m x^m + b_{m-1} x^{m-1} + \cdots + b_1 x + b_0$$

とする．もし，$n < m$ なら，$q = 0, r = f$ とおけばよい．$n \geq m$ とする．b_m は単元ゆえ

$$f_1(x) = f(x) - a_n b_m^{-1} x^{n-m} g(x)$$

とおけば，

$$f_1(x) = a'_{n-1} x^{n-1} + \cdots \quad (a'_{n-1} \in R)$$

の形をしている．

$$f_2(x) = f_1(x) - a'_{n-1} b_m^{-1} x^{n-1-m} g(x)$$

とおけば，$\deg f_2(x) \leq n - 2$ となる．これを繰り返せば，結果の式を得る．

次に，もう1つの表示

$$f = q'g + r', \quad \deg r' < \deg g$$

があるとする．f を消去すれば，

$$(q - q')g = r' - r$$

となる．$q \neq q'$ なら，

$$\deg(q - q')g \geq \deg g > \deg(r' - r)$$

となって矛盾である．したがって，$q = q', r' = r$ となる． ∎

$f(x) \in R[x]$ とする．$c \in R$ が $f(c) = 0$ を満たすとき，c を $f(x) = 0$ の**根** (root)，または c を $f(x)$ の**零点** (zero point) という．命題 2.3.2 により，$\alpha \in R$ に対し $q(x) \in R[x]$ が存在して，

$$f(x) = (x - \alpha)q(x) + f(\alpha)$$

となる．

命題 2.3.3 R を整域とする．$f(x) \in R[x], f(x) \not\equiv 0$ に対し，$f(x) = 0$ の根の数は $\deg f(x)$ 個以下である．

証明 $\deg f(x) \geq 1$ としてよい．$\deg f(x)$ に関する帰納法で示す．$\deg f(x) = 1$ なら，$\alpha \in R$ が $f(\alpha) = 0$ を満たすならば，

$$f(x) = a(x - \alpha) \quad (a \in R)$$

となる．よって高々1個しか根はない．次数 $n-1$ の多項式まで命題が成立するとする．$\deg f(x) = n$ のとき，$\alpha \in R$ を $f(x) = 0$ の根とする．このとき，

$$f(x) = (x - \alpha)g(x), \quad g(x) \in R[x], \deg g(x) = n - 1$$

となる．$\alpha \neq \beta \in R$ が $f(\beta) = 0$ を満たすとする．このとき $(\alpha - \beta)g(\beta) = 0$，$\alpha - \beta \neq 0$ より $g(\beta) = 0$ である．$\deg g(x) = n - 1$ より帰納法の仮定から，$g(x) = 0$ の根は $n - 1$ 個以下である．ゆえに，$f(x) = 0$ の根の数は n 個以下である． ∎

系 2.3.4 F を体とすれば，$f(x) \in F[x]$ に対し，$f(x) = 0$ の根の数は $\deg f(x)$ 個以下である．

【例 2.3.5】 R が整域でなければ，$f(x) \in R[x]$ に対し，$f(x) = 0$ の根が無限個存在することがある．

零因子のある場合として，ε を変数として，$R = \mathbf{C}[\varepsilon]/(\varepsilon^2)$ を考えれば，

$x^2 = 0$ の根として, $x = a\varepsilon, a \in \mathbf{C}$ がとれる. したがって, 根は無限個存在する.

また, $R = M(2, \mathbf{C})$ とすると, $x^2 = 0$ の根として, 任意の $a \in \mathbf{C}$ をとって

$$\begin{pmatrix} 0 & a \\ 0 & 0 \end{pmatrix}$$

がとれる. したがって, 根は無限個存在する.

根が存在しないこともある. 実際, $\mathbf{Q}[x] \ni x^2 + 1$ をとれば, 方程式 $x^2 + 1 = 0$ は $\mathbf{Q}$ に根を持たない.

R を単位元を持つ可換環, $x_1, x_2, \cdots, x_n$ を変数とする. $\nu_1, \cdots, \nu_n$ は 0 以上の整数を動くものとし, $a_{\nu_1 \cdots \nu_n} \in R$ に対して,

$$f(x_1, \cdots, x_n) = \sum_{\text{有限和}} a_{\nu_1 \cdots \nu_n} x_1^{\nu_1} \cdots x_n^{\nu_n}$$

を R 係数の **n 変数多項式** (polynomial in n variables) という. R 係数の n 変数多項式の全体を $R[x_1, x_2, \cdots, x_n]$ と書く. $R[x_1, x_2, \cdots, x_n]$ は多項式の普通の和と積によって可換環になる. この環を R 上の **n 変数多項式環** (polynomial ring in n variables over R) という.

2.4 イデアルと剰余環

定義 2.4.1 R を環, I を R の空でない部分集合とする. I が次の 2 条件を満たすとき, I を R の**左イデアル** (left ideal) という.

(i) $a, b \in I \implies -a + b \in I$.

(ii) $a \in I, x \in R \implies xa \in I$.

I が条件 (i) と次の条件 (ii′) を満たすとき, I を R の**右イデアル** (right ideal) という.

(ii′) $a \in I, x \in R \implies ax \in I$.

I が (i), (ii), (ii′) を満たすとき, I を**両側イデアル** (two-sided ideal) という.

R が可換環ならば, 左右の区別はないから, たんに**イデアル**という. また,

非可換の場合でも，左，右，両側イデアルを総称してイデアルということもある．

注意 2.4.2 定義から，イデアルは部分環である．

【例 2.4.3】 R を環とするとき，R および $\{0\}$ はイデアルである．

【例 2.4.4】 $R = \mathbf{Z}$ とする．$\mathbf{Z} \ni m$ をとる．

$$(m) = \{am \mid a \in \mathbf{Z}\}$$

とおく．このとき，(m) は R のイデアルである．

【例 2.4.5】 $\mathbf{R}$ 上の 1 変数多項式環 $R = \mathbf{R}[x]$ を考える．$f(x) \in \mathbf{R}[x]$ をとる．このとき，

$$I = \{g(x)f(x) \mid g(x) \in \mathbf{R}[x]\}$$

は R のイデアルである．また，

$$J = \{g(x) \in \mathbf{R}[x] \mid g(1) = 0\}$$

とおけば，J も R のイデアルである．

命題 2.4.6 R を単位元 e を持つ可換環，I を左イデアルとする．I が R の単元を含めば，$I = R$ である．I が右イデアル，両側イデアルの場合も同様である．

証明 I を R の左イデアルとする．$a \in I$ が単元であるとすれば，$b \in R$ が存在して，$ab = ba = e$ となる．R の任意の元 r をとる．

$$r = re = (rb)a \in I$$

だから $R \subset I$ となり，したがって $R = I$ を得る．他も同様である． ∎

系 2.4.7 F を体とすれば，F のイデアルは F か $\{0\}$ である．

証明 F のイデアル I をとる．$I \neq \{0\}$ とする．$I \ni a \neq 0$ なる元 a が存在する．F は体ゆえ，a は単元である．したがって，命題 2.4.6 より $I = F$ となる． ∎

R を単位元を持つ環，$R \ni a_1, \cdots, a_n$ とする．

$$I = \{x_1 a_1 + \cdots + x_n a_n \mid x_i \in R,\ i = 1, \cdots, n\}$$

とおけば，I は R の左イデアルになる．このイデアルを $a_1, \cdots, a_n$ で生成された R の左イデアルといい，$(a_1, \cdots, a_n)$ と書く．右イデアルについても同様の概念があるが，本書ではとくに断らない限り，左イデアルを考えることにする．

命題 2.4.8 $(a_1, \cdots, a_n)$ は $a_1, \cdots, a_n$ を含むような R の最小の左イデアルである．

証明 J を $a_1, \cdots, a_n$ を含むような左イデアルとすれば，$J \ni x_1 a_1 + \cdots + x_n a_n$ ($x_i \in R,\ i = 1, \cdots, n$) だから，$J \supset I$ となる． ∎

定義 2.4.9 環 R の 1 元 a によって生成されるイデアル (a) を**単項左イデアル** (principal left ideal) という．R が可換環のとき，1 元 a によって生成されるイデアル (a) を**単項イデアル** (principal ideal) という．

定義 2.4.10 単位元を持つ可換環 R のすべてのイデアルが単項イデアルであるとき，R を**単項イデアル環** (principal ideal ring) という．整域 R のすべてのイデアルが単項イデアルであるとき，R を**単項イデアル整域** (principal ideal domain, PID) という．

有理整数環 $\mathbf{Z}$, 体 k 上の 1 変数多項式環 $k[x]$ は単項イデアル整域の代表的な例であるが，このことについては後に詳述する．

R を可換環，I を R の両側イデアルであるとする．$x, y \in R$ に対し，

$$x \sim y \iff x - y \in I$$

と定義すれば，これは同値関係である．同値類の集合を R/I と書く．$x \in R$ を含む同値類は $x + I$ で与えられる．同値類の集合 R/I に，

$$\text{和} \quad (x+I) + (y+I) = (x+y) + I$$
$$\text{積} \quad (x+I) \cdot (y+I) = xy + I$$

によって2項演算を定義する．これによって，和と積が定義され，R/I は環になる．この環を R の I に関する**剰余環** (residue class ring) という．R/I の零元は I で，$x + I$ の和に関する逆元は $(-x) + I$ で与えられる．

注意 2.4.11 R が可換環であれば，R/I も可換環である．R が単位元 e を持つ環であれば，$R \neq I$ のとき R/I も単位元を持つ環であり，その単位元は $e + I$ で与えられる．

【例 2.4.12】 有理整数環 $\mathbf{Z}$ の零でない元 m をとる．剰余環 $\mathbf{Z}/(m)$ は m 個の元を持つ可換環である．零元は (m)，単位元は $1 + (m)$ で与えられる．

2.5 準同型写像

定義 2.5.1 R, R' を環とする．写像 $f : R \longrightarrow R'$ が次の2条件を満たすとき，f を（環の）**準同型写像** (homomorphism) という．$x, y \in R$ に対し，

(i) $f(x+y) = f(x) + f(y) \quad (x, y \in R)$.
(ii) $f(xy) = f(x)f(y) \quad (x, y \in R)$.

環の準同型写像 $f : R \longrightarrow R'$ が，1対1写像であるとき，**単射準同型写像** (injective homomorphism)，上への写像であるとき，**全射準同型写像** (surjective homomorphism)，1対1かつ上への写像であるとき，**同型写像** (isomorphism) という．環 R から環 R' への同型写像があるとき，R は R' と**同型** (isomorphic) であるといい，$R \cong R'$ または $R \xrightarrow{\sim} R'$ と書く．同型は同値関係である．環 R から環 R 自身への準同型写像を，**自己準同型写像** (endomorphism)，環 R から環 R 自身への同型写像を，**自己同型写像** (automorphism) という．

注意 2.5.2 環 R, R' の零元をそれぞれ $0, 0'$ とし，$f : R \longrightarrow R'$ を準同型写像とする．

(i) $f(0) = 0'$．また，$a \in R$ に対し，$f(-a) = -f(a)$．これらは，環が和に関し

ては群になることを考えれば，注意 1.5.2 からしたがう．
 (ii) $R = F$, $R' = F'$ が体のときを考え，それぞれの単位元を e, e' とする．準同型写像 f が零写像でなければ，$f(e) = e'$．なぜならば，$f(e) = 0'$ なら任意の $a \in F$ に対し，
$$f(a) = f(ae) = f(a)f(e) = 0'$$
となる．ゆえに f が零写像でなければ，$f(e) \neq 0'$．このとき
$$f(e) = f(e \cdot e) = f(e)f(e)$$
だから，$f(e) \neq 0'$ より $f(e) = e'$ を得る．

注意 2.5.3 環 R の零元を 0，環 R' の零元を $0'$ とする．準同型写像 $f : R \longrightarrow R'$ が単射であるための必要十分条件は，$f(x) = 0'$ ならば $x = 0$ が成り立つことである．必要性は明らかであるから十分性を証明しよう．$x, y \in R$ に対し，$f(x) = f(y)$ とする．このとき，$f(x - y) = f(x) - f(y) = 0'$ であるから，条件から $x - y = 0$，したがって $x = y$ となる．

【例 2.5.4】 $\mathbf{R}$ 上の 1 変数多項式環 $\mathbf{R}[x]$ から $\mathbf{R}$ への写像
$$\begin{aligned} \varphi : \quad \mathbf{R}[x] &\longrightarrow \mathbf{R} \\ f(x) &\mapsto f(0) \end{aligned}$$
は環の準同型写像である．

【例 2.5.5】 $\mathbf{R}[x]$ から $\mathbf{R}[x]$ への写像
$$\begin{aligned} \varphi : \quad \mathbf{R}[x] &\longrightarrow \mathbf{R}[x] \\ f(x) &\mapsto f(x^2) \end{aligned}$$
は環の準同型写像である．

【例 2.5.6】 有理整数環 $\mathbf{Z}$ の自己準同型写像は，恒等写像か零写像のいずれかである．なぜならば，
$$f(1) = f(1 \cdot 1) = f(1)f(1)$$
より，$f(1) = 1$ または $f(1) = 0$ である．$f(1) = 0$ ならば，自然数 n に対し

て，$f(n) = f(\overbrace{1+1+\cdots+1}^{n 個}) = nf(1) = 0$．また，一般論から $f(0) = 0$ であり，$f(-n) = -f(n) = 0$ となるから，f は恒等的に零となる．$f(1) = 1$ なら，同様にして任意の整数 n に対して，$f(n) = n$ となるから，f は恒等写像である．

【例 2.5.7】 有理数体 $\mathbf{Q}$ の自己同型写像は，恒等写像だけである．なぜならば，

$$f(1) = f(1 \cdot 1) = f(1)f(1)$$

から，$f(1) \neq 0$ を用いて $f(1) = 1$ である．自然数 n に対して，$f(\overbrace{1+1+\cdots+1}^{n 個}) = nf(1) = n$．また，一般論から $f(0) = 0$ であり，$f(-n) = -f(n) = -n$ となるから，任意の整数に対して，$f(n) = n$ となる．任意の有理数 r をとり，r を 2 つの整数 m, n ($n > 0$) の商 $r = m/n$ と表わす．このとき，

$$m = f(m) = f(rn) = f(\overbrace{r+r+\cdots+r}^{n 個}) = nf(r)$$

となるから，$f(r) = m/n$ を得る．したがって，f は恒等写像である．

定義 2.5.8 $0'$ を R' の零元とする．環の準同型写像 $f : R \longrightarrow R'$ に対して，

$$\operatorname{Ker} f = \{x \in R \mid f(x) = 0'\}$$
$$\operatorname{Im} f = \{f(x) \mid x \in R\}$$

とおく．$\operatorname{Ker} f$ を f の**核** (kernel)，$\operatorname{Im} f$ を f の**像** (image) という．

命題 2.5.9 環の準同型写像 $f : R \longrightarrow R'$ に対して，$\operatorname{Ker} f$ は R の両側イデアル，$\operatorname{Im} f$ は R' の部分環である．

証明 任意の 2 元 $a, b \in \operatorname{Ker} f$ をとる．$f(-a+b) = -f(a) + f(b) = 0'$ だから $-a+b \in \operatorname{Ker} f$．また，$r \in R$ に対し，$f(ra) = rf(a) = 0'$ かつ $f(ar) = f(a)r = 0'$ だから，$ra, ar \in \operatorname{Ker} f$．ゆえに，$\operatorname{Ker} f$ は両側イデアルで

ある．任意の 2 元 $f(a), f(b) \in \mathrm{Im}\, f$ をとる．$-f(a) + f(b) = f(-a+b) \in \mathrm{Im}\, f$ かつ $f(a)f(b) = f(ab) \in \mathrm{Im}\, f$ だから，$\mathrm{Im}\, f$ は R' の部分環である． ∎

この命題は，容易に次のように一般化できる．

注意 2.5.10 $f : R \longrightarrow R'$ を環の準同型写像とする．このとき次が成立する．
  (i) S' を R' の部分環とすれば，$f^{-1}(S')$ は R の部分環である．
  (ii) I' を R' の左イデアル（または，両側イデアル）とすれば，$f^{-1}(I')$ は R の左イデアル（または，両側イデアル）である．

S を R の部分環とするとき，$f(S)$ は R' の部分環である．しかし，I が R の左イデアル（または，両側イデアル）でも $f(I)$ は R' の左イデアル（または，両側イデアル）とは限らないので注意を要する．$f(I)$ は部分環 $f(R)$ の左イデアル（または，両側イデアル）である．

定理 2.5.11 (準同型定理) 環の準同型写像 $f : R \longrightarrow R'$ は自然な同型写像

$$\begin{aligned} \varphi : \quad R/\mathrm{Ker}\, f &\cong \mathrm{Im}\, f \\ x + \mathrm{Ker}\, f &\mapsto f(x) \end{aligned}$$

を引き起こす．

証明 証明は群の準同型定理の場合とほぼ同様であるが，念のため詳しい証明を与えておこう．R の零元を 0, R' の零元を $0'$ とする．$R/\mathrm{Ker}\, f$ の元 $x + \mathrm{Ker}\, f$ をとる．この類の別の代表元 y をとれば，$\mathrm{Ker}\, f$ の元 k が存在して，$y = x + k$ となる．ゆえに，

$$f(y) = f(x+k) = f(x) + f(k) = f(x) + 0' = f(x)$$

となり，φ は類の代表元のとり方によらず決まることがわかる．
　定義から，

$$\begin{aligned}
\varphi((x+\operatorname{Ker} f)+(y+\operatorname{Ker} f)) &= \varphi((x+y)+\operatorname{Ker} f) \\
&= f(x+y) = f(x)+f(y) \\
&= \varphi(x+\operatorname{Ker} f)+\varphi(y+\operatorname{Ker} f), \\
\varphi((x+\operatorname{Ker} f)\cdot(y+\operatorname{Ker} f)) &= \varphi(xy+\operatorname{Ker} f) \\
&= f(xy) = f(x)f(y) \\
&= \varphi(x+\operatorname{Ker} f)\varphi(y+\operatorname{Ker} f)
\end{aligned}$$

となるから，φ は環の準同型写像である．

$\operatorname{Im} f \ni f(x)$ に対し，$\varphi(x+\operatorname{Ker} f) = f(x)$ となるから，φ は全射である．

最後に，$\varphi(x+\operatorname{Ker} f) = 0'$ とする．定義によって，$f(x) = 0'$ となるから，$x \in \operatorname{Ker} f$ を得る．ゆえに，$x+\operatorname{Ker} f = \operatorname{Ker} f$ となり，$x+\operatorname{Ker} f$ は $R/\operatorname{Ker} f$ の零元になる．したがって，φ は単射である． ∎

【例 2.5.12】 $\mathbf{R}$ 上の 1 変数多項式環 $\mathbf{R}[x]$ から $\mathbf{R}$ への全射準同型写像

$$\begin{array}{rccc} \varphi: & \mathbf{R}[x] & \longrightarrow & \mathbf{R} \\ & f(x) & \mapsto & f(0) \end{array}$$

において，$\operatorname{Ker}\varphi = (x)$ である．ゆえに，準同型定理から同型写像

$$\mathbf{R}[x]/(x) \cong \mathbf{R}$$

を得る．この意味は，多項式の 1 次以上の項を無視すれば定数になるということである．

【例 2.5.13】 $i = \sqrt{-1}$ とするとき，$\mathbf{R}$ 上の 1 変数多項式環 $\mathbf{R}[x]$ から $\mathbf{C}$ への全射準同型写像

$$\begin{array}{rccc} \varphi: & \mathbf{R}[x] & \longrightarrow & \mathbf{C} \\ & f(x) & \mapsto & f(i) \end{array}$$

において，$\operatorname{Ker}\varphi = (x^2+1)$ である．ゆえに，準同型定理から同型写像

$$\mathbf{R}[x]/(x^2+1) \cong \mathbf{C}$$

を得る．

【例 2.5.14】 m_1, m_2 を互いに素な 2 以上の自然数とする．自然な準同型

写像
$$\begin{array}{cccc}\varphi: & \mathbf{Z} & \longrightarrow & \mathbf{Z}/(m_1) \times \mathbf{Z}/(m_2) \\ & x & \mapsto & (x, x)\end{array}$$
を考える．
$$\begin{aligned}\operatorname{Ker}\varphi \ni x & \iff m_1 \mid x,\ m_2 \mid x \\ & \iff m_1 m_2 \mid x \\ & \iff x \in (m_1 m_2)\end{aligned}$$
だから，$\operatorname{Ker}\varphi = (m_1 m_2)$ となる．ゆえに，単射準同型写像
$$\bar{\varphi}: \mathbf{Z}/(m_1 m_2) \hookrightarrow \mathbf{Z}/(m_1) \times \mathbf{Z}/(m_2)$$
を得る．両辺とも元の数は $m_1 m_2$ 個で相等しいから，$\bar{\varphi}$ は全射にもなり，同型写像
$$\bar{\varphi}: \mathbf{Z}/(m_1 m_2) \cong \mathbf{Z}/(m_1) \times \mathbf{Z}/(m_2)$$
を得る．$m = p_1^{e_1} p_2^{e_2} \cdots p_r^{e_r}$ (p_i ($i=1,2,\cdots,r$) は素数で，$i \neq j$ のとき $p_i \neq p_j$) を自然数 m の素因数分解とする．このとき，上記を用いれば，
$$\mathbf{Z}/(m) \cong \mathbf{Z}/(p_1^{e_1}) \times \mathbf{Z}/(p_2^{e_2}) \times \cdots \times \mathbf{Z}/(p_r^{e_r})$$
となる．さらに一般に $m_1, m_2, \cdots, m_r$ を 2 以上の自然数とし，$i \neq j$ のとき m_i, m_j は互いに素とする．このとき，
$$\mathbf{Z}/(m_1 m_2 \cdots m_r) \cong \mathbf{Z}/(m_1) \times \mathbf{Z}/(m_2) \times \cdots \times \mathbf{Z}/(m_r)$$
（**中国人剰余定理** (Chinese remainder theorem)）が成立する．

2.6 一意分解整域

$\mathbf{Z}$ を有理整数環とすれば，$\mathbf{Z}$ の元には素数という概念がある．また，$a, b, c \in \mathbf{Z}$ が $a = bc$ となるとき，a は b で割れるといい，また b は a を割るというのであった．本節ではこのような概念を整域に対して同様に定義し，任意の元が一意的に素因数分解できる整域の概念を導入する．

本節では，I を整域，e を I の単位元，U を I の単元のなす群とする．

2.6 一意分解整域

定義 2.6.1 $I \ni a, b \ (a \neq 0, b \neq 0)$ に対し, $a = bc$ となるような $c \in I$ が存在するとする. このとき,

$$a \text{ は } b \text{ で割れる (divisible)}$$

または

$$a \text{ は } b \text{ の倍元（倍数）(multiple)}$$

または

$$b \text{ は } a \text{ を割る}$$

または

$$b \text{ は } a \text{ の約元（因子, 約数）}$$

といい,

$$b \mid a$$

と書く.

定義 2.6.2 $a, b \in I \ (a \neq 0, b \neq 0)$ に対し, $u \in U$ が存在して, $b = ua$ となるとき, a と b は同伴である (associate) といい, $a \sim b$ と書く.

注意 2.6.3 a と b が同伴であるための必要十分条件は, $a \mid b$ かつ $b \mid a$ となることである. なぜならば, 必要条件であることは同伴の定義から明らか. 逆に, $a \mid b$ より $b = u_1 a$ となる元 $u_1 \in I$ が存在する. $b \mid a$ より $a = u_2 b$ となる元 $u_2 \in I$ が存在する. ゆえに, $b = u_1 u_2 b$ となるが, I は整域だから $e = u_1 u_2$ となり, u_1 は単元となる.

補題 2.6.4 次が成り立つ.
 (i) $a \sim b$ かつ $d \mid a$ ならば $d \mid b$.
 (ii) $a \sim b$ かつ $a \mid m$ ならば $b \mid m$.

証明 (i) $a \sim b$ だから $u \in U$ があって $a = ub$ となる. $d \mid a$ だから $c \in I$ があって $a = dc$ となる. ゆえに $b = d(cu^{-1})$ となり $d \mid b$ を得る.

(ii) $a \sim b$ だから $u \in U$ があって $a = ub$ となる. $a \mid m$ だから $c \in I$ があって $m = ac$ となる. ゆえに $m = b(cu)$ となり $b \mid m$ を得る. ∎

定義 2.6.5　単元ではない $p \in I$, $p \neq 0$ について,

$$a, b \in I, \ p \mid ab \implies p \mid a \ \text{または} \ p \mid b$$

が成り立つとき, p を**素元** (prime element) という.

定義 2.6.6　単元ではない $a \in I$, $a \neq 0$ について,

$$d \in I, \ d \mid a \implies d \sim e \ \text{または} \ d \sim a$$

が成り立つとき, a を**既約元** (irreducible element) という.

【例 2.6.7】　$\mathbf{Z}$ において, 素数は素元かつ既約元である.

命題 2.6.8　素元は既約元である.

証明　p を素元とする. $a \in I$ が $a \mid p$ なら $b \in I$ が存在して, $p = ab$ となる. ゆえに $p \mid ab$ だから, p が素元であることから, $p \mid a$ または $p \mid b$ となる. $p \mid a$ ならば $a \sim p$ を得る. $p \mid b$ ならば, $c \in I$ が存在して $b = pc$ となる. ゆえに, $p = acp$ となるが, I は整域だから $ac = e$ となる. したがって, a は単元となる. 以上から p は既約元となる. ∎

【例 2.6.9】　$I = \mathbf{Z}[\sqrt{-5}]$ において,

$$6 = 2 \cdot 3 = (1 + \sqrt{-5})(1 - \sqrt{-5})$$

である. 2 は既約元であるが素元ではない. 素元ではないことは, $2 \mid 6$ であるが,

$$(1 + \sqrt{-5})/2, \ (1 - \sqrt{-5})/2 \notin \mathbf{Z}[\sqrt{-5}]$$

からわかる. $\alpha = a + b\sqrt{-5} \in \mathbf{Z}[\sqrt{-5}]$ が $(a + b\sqrt{-5}) \mid 2$ を満たすとする. 複

素共役をとって, $(a-b\sqrt{-5}) \mid 2$ となる. ゆえに, $(a+b\sqrt{-5})(a-b\sqrt{-5}) \mid 4$, つまり $(a^2+5b^2) \mid 4$ を得る. これが成立するのは, $(a^2+5b^2)=1$ または 2 または 4 のときに限る. $a^2+5b^2=1$ なら $a=\pm 1, b=0$ で α は単元となる. $a^2+5b^2=2$ となる場合は存在しない. $a^2+5b^2=4$ ならば, $a=\pm 2, b=0$ で $\alpha \sim 2$ となる. したがって, 2 は既約元である.

定義 2.6.10 任意の $a \in I$, $a \neq 0$ が,

$$a = p_1 p_2 \cdots p_r$$

と有限個の素元 p_i $(i=1,2,\cdots,r)$ の積に, 順序と単元の積を除いて一意的に分解されるとき, I を**一意分解整域** (unique factorization domain, UFD) という.

【例 2.6.11】 有理整数環 $\mathbf{Z}$ はよく知られているように一意分解整域である.

I を一意分解整域, $\{p_\lambda\}$ を同伴な素元から代表元を選んでできる集合とする. このとき, $a, b \in I, a \neq 0, b \neq 0$ はそれぞれ単元 $u, v \in U$ を適当に選べば,

$$a = u \prod_{\lambda : 有限個} p_\lambda^{m_\lambda}$$
$$b = v \prod_{\mu : 有限個} p_\mu^{n_\mu}$$

と書ける. このとき,

$$b \mid a \iff 任意の \lambda に対して n_\lambda \leq m_\lambda$$

が成り立つ. この記号を用いて,

$$f_\lambda = \min\{m_\lambda, n_\lambda\}, \ g_\lambda = \max\{m_\lambda, n_\lambda\}$$

とおき,

$$d \sim \prod p_\lambda^{f_\lambda}$$
$$m \sim \prod p_\lambda^{g_\lambda}$$

と定義する．d を a,b の**最大公約元** (greatest common divisor (g.c.d.)，または greatest common measure (g.c.m.))，m を a,b の**最小公倍元** (least common multiple (l.c.m.)) という．このとき，

$$c \mid a \text{ かつ } c \mid b \implies c \mid d$$
$$a \mid \ell \text{ かつ } b \mid \ell \implies m \mid \ell$$

が成立することは容易にわかる．

定義 2.6.12 $a,b \in I$ の最大公約元が単位元と同伴，つまり単元であるとき，a と b は**互いに素**であるという．

【例 2.6.13】 $I = \mathbf{Z}$ とする．6 と -8 の最大公約元は 2，最小公倍元は 24 である．これらは単元倍を除いて一意に決まる．

2.7 素イデアルと極大イデアル

この節では，R を単位元を持つ可換環とする．2 つのイデアル $\mathfrak{a}, \mathfrak{b}$ に対し，イデアルの和と積を次のように定義する．

(i) （イデアルの和）$\mathfrak{a} + \mathfrak{b} = \{a + b \mid a \in \mathfrak{a}, b \in \mathfrak{b}\}$
(ii) （イデアルの積）$\mathfrak{a} \cdot \mathfrak{b} = \{ab \mid a \in \mathfrak{a}, b \in \mathfrak{b}\}$ で生成されるイデアル

イデアルの積 $\mathfrak{a} \cdot \mathfrak{b}$ を $\mathfrak{a}\mathfrak{b}$ と書くことが多い．

注意 2.7.1 環 R のイデアル $\mathfrak{a}, \mathfrak{b}$ に対し，$\mathfrak{a} \cdot \mathfrak{b} \subset \mathfrak{a} \cap \mathfrak{b}$ が成立する．これはイデアルの定義から明らかである．

定義 2.7.2 環 R のイデアル $\mathfrak{p} \neq R$ に対して，

$$a, b \in R, \ ab \in \mathfrak{p} \implies a \in \mathfrak{p} \text{ または } b \in \mathfrak{p}$$

となるとき，$\mathfrak{p}$ を R の**素イデアル** (prime ideal) という．

【例 2.7.3】 有理整数環 $\mathbf{Z}$ において，正の整数 p が素数であるための必要十分条件は，(p) が素イデアルになることである．なぜならば，

p を素数とし $m, n \in \mathbf{Z}$ に対し $mn \in (p)$ とする. $a \in \mathbf{Z}$ が存在して, $mn = pa$ となる. p は素数だから, $p \mid m$ または $p \mid n$ となる. ゆえに, $p \in (m)$ または $p \in (n)$ となるから (p) は素イデアルである. 逆に, (p) が素イデアルであるとする. $m, n \in \mathbf{Z}$ に対し $p \mid mn$ ならば, $mn \in (p)$ だから, (p) が素イデアルであることから $m \in (p)$ または $n \in (p)$ となる. ゆえに, $p \mid m$ または $p \mid n$ となり, p は (単元倍を除いて) 素数となる.

注意 2.7.4 (0) が素イデアルであることと R が整域であることは同値である. このことは, 定義の言い替えに過ぎない.

定理 2.7.5 環 R のイデアル $\mathfrak{p} \neq R$ について次の 3 条件は同値である.
 (i) $\mathfrak{p}$ は素イデアルである.
 (ii) $R/\mathfrak{p}$ は整域である.
 (iii) R のイデアル $\mathfrak{a}, \mathfrak{b}$ に対し, $\mathfrak{ab} \subset \mathfrak{p}$ ならば, $\mathfrak{a} \subset \mathfrak{p}$ または $\mathfrak{b} \subset \mathfrak{p}$ となる.

証明 (i) $\Rightarrow$ (ii)：$a + \mathfrak{p}, b + \mathfrak{p} \in R/\mathfrak{p}$ に対し, $(a + \mathfrak{p})(b + \mathfrak{p}) = \mathfrak{p}$ とする. $ab \in \mathfrak{p}$ となるから, $\mathfrak{p}$ が素イデアルであることから $a \in \mathfrak{p}$ または $b \in \mathfrak{p}$ となる. 前者ならば $a + \mathfrak{p} = \mathfrak{p}$, 後者ならば $b + \mathfrak{p} = \mathfrak{p}$ となる. よって, $R/\mathfrak{p}$ は整域である.

 (ii) $\Rightarrow$ (iii)：$\mathfrak{a}, \mathfrak{b}$ を R のイデアルとする. $\mathfrak{ab} \subset \mathfrak{p}$ であるが $\mathfrak{a}$ が $\mathfrak{p}$ に含まれないとする. このとき, $a \in \mathfrak{a}$ で $a \notin \mathfrak{p}$ なるものが存在する. $\mathfrak{b}$ の任意の元 b をとる. $a + \mathfrak{p} \neq \mathfrak{p}$ かつ $(a + \mathfrak{p})(b + \mathfrak{p}) = ab + \mathfrak{p} = \mathfrak{p}$ となる. $R/\mathfrak{p}$ は整域だから, $b + \mathfrak{p} = \mathfrak{p}$, すなわち $b \in \mathfrak{p}$ を得る. ゆえに, $\mathfrak{b} \subset \mathfrak{p}$ を得る.

 (iii) $\Rightarrow$ (i)：対偶を示す. $ab \in \mathfrak{p}$ で $a \notin \mathfrak{p}, b \notin \mathfrak{p}$ とする. $\mathfrak{a} = (a), \mathfrak{b} = (b)$ とおく. これらのイデアルはいずれも $\mathfrak{p}$ に含まれないが, $\mathfrak{ab} \subset \mathfrak{p}$ となる. これは (iii) の条件に反している. ∎

定義 2.7.6 環 R のイデアル $\mathfrak{m} \neq R$ に対して,

$$\mathfrak{m} \underset{\neq}{\subset} \mathfrak{a} \underset{\neq}{\subset} R$$

となるイデアル $\mathfrak{a}$ が存在しないとき, $\mathfrak{m}$ を R の**極大イデアル** (maximal ideal) という.

定理 2.7.7 R を単位元 e を持つ可換環で，$a \in R$ は単元ではないとする．このとき，a を含むような R の極大イデアルが存在する．

この定理を証明するためには，ツォルンの補題が必要になる．まずこの補題を説明しよう．X を集合とする．X に順序関係 $\prec$ が与えられていて次の 2 条件を満たすとき，X を**順序集合** (ordered set) という．

(i) $a, b \in X$ に順序関係があれば，$a \prec b, a = b, b \prec a$ のいずれかが成り立つ．

(ii) $a \prec b$ かつ $b \prec c$ ならば $a \prec c$．

順序集合 X において，任意の 2 元に対し順序関係があるとき，X を**全順序集合** (totally ordered set) という．

X を順序集合とする．$a \in X$ に対し，$a \prec b$ となるような $b \in X$ が存在しないとき，a を**極大元** (maximal element) という．

$Y \subset X$ を部分順序集合とする．$a \in X$ は，任意の $b \in Y$ に対し $b \prec a$ または $b = a$ であるとき Y の**上界** (upper bound) であるという．

定義 2.7.8 順序集合 X が次の条件 $(*)$ を満たすとき，**帰納的順序集合** (inductively ordered set) であるという．

$(*)$ X の空でない任意の全順序部分集合 Y に対し，Y は X に上界を持つ．

補題 2.7.9（ツォルンの補題） 空でない帰納的順序集合には少なくとも 1 つ極大元が存在する．

この補題は次の命題と同値であることが集合論において知られている．

[**選出公理**] 集合族 $\{A_\lambda\}_{\lambda \in \Lambda}$ において，すべての $\lambda \in \Lambda$ に対して $A_\lambda \neq \emptyset$ であれば，直積集合も $\prod_{\lambda \in \Lambda} A_\lambda \neq \emptyset$ である．

選出公理は，平たく言えば，(たとえ Λ が無限集合であっても) 集合族 $\{A_\lambda\}_{\lambda \in \Lambda}$ に属する各集合 A_λ から元 a_λ を選ぶことができるということを意味している．数学には選出公理を公理として採用する立場と採用しない立場があり，その 2 つの立場によって数学の結果が異なるということが実際におこる．選出公理

は上記の解説のように直観的に容認しうるものであるから公理として採用するのが普通である．本書でも選出公理を公理として採用する立場をとる．したがって，ツォルンの補題が成立することになる．選出公理は選択公理とも呼ばれる．定理 2.7.7 の証明はツォルンの補題の使用法の典型的な例である．

定理 2.7.7 の証明 環 R のイデアルからなる次のような集合を考える：

$$\Sigma = \{I \subset R \mid I \neq R,\ (a) \subset I\}.$$

$(a) = R$ とすれば，$R \ni b$ があって $ab = e$ となるから a は単元となり仮定に反する．ゆえに，$(a) \neq R$ であり，$(a) \in \Sigma$ となる．これは，$\Sigma \neq \emptyset$ を示している．集合 Σ に包含関係 $\subset$ を $\prec$ として順序関係を入れる．$\{\mathfrak{a}_\lambda\}_{\lambda \in \Lambda}$ を Σ の全順序部分集合とする．このとき，

$$\mathfrak{a} = \bigcup_{\lambda \in \Lambda} \mathfrak{a}_\lambda$$

とおけば，全順序部分集合であったことから $\mathfrak{a}$ は R のイデアルになる．また，$\mathfrak{a} \ni e$ ならばある $\lambda \in \Lambda$ があって $e \in \mathfrak{a}_\lambda$ となるから $\mathfrak{a}_\lambda = R$ となり，$\mathfrak{a}_\lambda$ のとり方に反する．また，$(a) \subset \mathfrak{a}$ であるから $\mathfrak{a} \in \Sigma$ となり，$\mathfrak{a}$ は $\{\mathfrak{a}_\lambda\}_{\lambda \in \Lambda}$ の上界となる．これは Σ が帰納的順序集合であることを示している．ゆえに，ツォルンの補題より，Σ には極大元が存在する．Σ の定義と極大性から，その極大元は a を含む極大イデアルである． ■

系 2.7.10 R が単位元を持つ可換環とすれば，R には極大イデアルが存在する．

証明 $a = 0$ として，定理 2.7.7 を用いればよい． ■

注意 2.7.11 (0) が極大イデアルであることと R が体であることは同値である．

定理 2.7.12 単位元 e を持つ可換環 R のイデアル $\mathfrak{m}$ に対し，次は同値である．
 (i) $\mathfrak{m}$ は極大イデアルである．
 (ii) $R/\mathfrak{m}$ は体である．

証明 (i) ⇒ (ii)：$R/\mathfrak{m}$ の零でない元 $a+\mathfrak{m}$ をとる．$a \notin \mathfrak{m}$ より $(a)+\mathfrak{m}$ は $\mathfrak{m}$ より真に大きいイデアルになる．$\mathfrak{m}$ は極大イデアルであったから $(a)+\mathfrak{m} = R$ となる．したがって，$b \in R, c \in \mathfrak{m}$ で $ab+c=e$ となるものが存在する．このとき，$(a+\mathfrak{m})(b+\mathfrak{m}) = e+\mathfrak{m}$ が成り立つから，$b+\mathfrak{m}$ は $a+\mathfrak{m}$ の逆元となる．

(ii) ⇒ (i)：$\mathfrak{a}$ を $\mathfrak{m}$ より真に大きいイデアルとする．このとき，$b \in \mathfrak{a}, b \notin \mathfrak{m}$ なる元 b が存在する．$b+\mathfrak{m}$ は体 $R/\mathfrak{m}$ の零でない元だから，$r+\mathfrak{m} \in R/\mathfrak{m}$ で $(b+\mathfrak{m})(r+\mathfrak{m}) = e+\mathfrak{m}$ となるものが存在する．ゆえに，$c \in \mathfrak{m}$ で $br+c=e$ となるものが存在する．ゆえに，$e \in \mathfrak{a}$ となり $\mathfrak{a} = R$ を得る． ∎

定理 2.7.5 と定理 2.7.12 から次の系を得る．

系 2.7.13 極大イデアルは素イデアルである．

【例 2.7.14】 体 k 上の 1 変数多項式環 $k[x]$ において，$k \ni \alpha$ をとり，イデアル $(x-\alpha)$ を考える．全射準同型写像

$$\begin{array}{rccc} \varphi: & k[x] & \longrightarrow & k \\ & f(x) & \mapsto & f(\alpha) \end{array}$$

において，$\mathrm{Ker}\,\varphi = (x-\alpha)$ だから，準同型定理により

$$k[x]/(x-\alpha) \cong k$$

となる．k は体だから，$(x-\alpha)$ は $k[x]$ の極大イデアルである．

2.8 単項イデアル整域

本節では，R を整域，R の単位元を e とする．

補題 2.8.1 R を単項イデアル整域，$R \ni a \neq 0$ を既約元とする．このとき，イデアル (a) は極大イデアルである．

証明 $(a) \subset \mathfrak{b}$ となるイデアル $\mathfrak{b} \subset R$ があるとする.R は単項イデアル整域だから,$b \in \mathfrak{b}$ が存在して $\mathfrak{b} = (b)$ となる.ゆえに,$c \in R$ があって $a = cb$ となる.ゆえに,$b \mid a$ となるから,a が既約元であることから $b \sim a$ または $b \sim e$ となる.前者なら $(b) = (a)$,後者なら $(b) = (e) = R$ となる.よって,(a) は極大イデアルである.∎

命題 2.8.2 R を単項イデアル整域とする.$R \ni p \neq 0$ が素元であるための必要十分条件は既約元であることである.

証明 必要条件であることは命題 2.6.8 からしたがう.p が既約元であるとする.定義から p は単元ではない.補題 2.8.1 より (p) は極大イデアルである.$a, b \in R$ に対して,$p \mid ab$ とする.$(ab) \subset (p)$ となる.他方,$(p) \subset (a, p)$ より,$(a, p) = (p)$ または $(a, p) = R$.$(p) \subset (b, p)$ より,$(b, p) = (p)$ または $(b, p) = R$.そこで,$(a, p) = R$ かつ $(b, p) = R$ と仮定すれば,単位元 $e \in R$ に対して $a_1, a_2, b_1, b_2 \in R$ が存在して,

$$e = a_1 a + a_2 p \quad \text{かつ} \quad e = b_1 b + b_2 p$$

と表わせる.辺々かけて,

$$e = a_1 b_1 ab + (a_1 b_2 a + a_2 b_1 b + a_2 b_2 p) p$$

となる.右辺は (p) に含まれるから $e \in (p)$ となる.ゆえに $(p) = R$ となり (p) が極大イデアルであることに反する.したがって,$(a, p) = (p)$ または $(b, p) = (p)$ となる.前者ならば $a \in (p)$ となり $p \mid a$,後者ならば $b \in (p)$ となり $p \mid b$ となる.ゆえに,p は素元である.∎

命題 2.8.3 単項イデアル整域 R の (0) 以外の素イデアルは極大イデアルである.

証明 $\mathfrak{p}$ を (0) 以外の素イデアルとする.R は単項イデアル整域であるから,$p \in R$,$p \neq 0$ があって $\mathfrak{p} = (p)$ となる.$\mathfrak{p}$ は素イデアルであるから p は素元である.ゆえに既約元であるから補題 2.8.1 より $\mathfrak{p}$ は極大イデアルである.∎

注意 2.8.4　R を一意分解整域とする．このときも，$R \ni a \neq 0$ が素元であるための必要十分条件は既約元であることである．なぜならば，必要条件であることは命題 2.6.8 からしたがう．a が既約元であるとする．定義から a は単元ではない．a の素元への分解を，

$$a = p_1 p_2 \cdots p_n \quad (p_i \ (i = 1, \cdots, n) \text{ は素元})$$

とする．a は既約元であるから，$n = 1$ にならざるを得ない．よって a は素元である．

定理 2.8.5　単項イデアル整域は一意分解整域である．

証明　R を単項イデアル整域であるとする．まず，R の任意の元 $a \neq 0$ が有限個の素元の積に分解されることを示す．a は単元ではないとしてよい．a が有限個の素元の積に書けないとする．a は素元ではないから，既約元でもない．ゆえに，

$$a = bc, \ b \not\sim a, c \not\sim a$$

となる $b, c \in R$ が存在する．b, c のいずれかは有限個の素元の積に書けないから，書けないほうを a_1 とする．このとき，

$$a_1 \mid a, \ a \not\sim a_1$$

が成り立つ．同様にして，素元の有限個の積には書けない元 $a_2 \in R$ が存在して，

$$a_2 \mid a_1, \ a_1 \not\sim a_2$$

となる．これを繰り返せば，素元の有限個の積には書けない元 $a_i \in R$ $(i = 1, 2, \cdots)$ が存在して，

$$a_{i+1} \mid a_i, \ a_i \not\sim a_{i+1}$$

となる．したがって，イデアルの列

$$(a_1) \subset (a_2) \subset \cdots \subset (a_i) \subset \cdots$$

を得る．
$$J = \bigcup_{i=1}^{\infty} (a_i)$$
とおけば，これはイデアルになる．R は単項イデアル整域であるから，$d \in J$ が存在して $J = (d)$ となる．したがって，$d \mid a_i$ $(i = 1, 2, \cdots)$ となる．他方，$d \in J$ より自然数 m が存在して $d \in (a_m)$ となる．ゆえに，$a_m \mid d$．したがって，$a_m \sim d$ を得る．$d \mid a_{m+1}$ より，$a_m \mid a_{m+1}$．他方，$a_{m+1} \mid a_m$ だから $a_m \sim a_{m+1}$ となるが，これは a_{m+1} のとり方に反する．

次に，$a \in R$ が
$$a = p_1 \cdots p_s = q_1 \cdots q_t$$
と素元の 2 通りの積に分解したとする．$p_1 \mid a$ よりある q_i があって $p_1 \mid q_i$ となるが，q_i は素元であるから既約元であり，したがって $p_1 \sim q_i$ となる．両辺からこれらを約して，次々に同様にしていけば，番号を適当につけかえれば，
$$s = t, \ p_i \sim q_i \ (i = 1, 2, \cdots, t)$$
を得る． ∎

定理 2.8.6 有理整数環 **Z** は単項イデアル環である．

証明 I を **Z** のイデアルとする．$I = (0)$ なら単項イデアルであるから，$I \neq (0)$ の場合を考えればよい．このとき，$I \ni a \neq 0$ が存在するが，$a < 0$ なら $(-1)a \in I$ で $-a > 0$ となるから I は自然数を含む．したがって，
$$I^+ = \{a \in I \mid a > 0\}$$
とおけば，$I^+ \neq \emptyset$ である．I^+ に含まれる最小の自然数を b とすれば $I \supset (b)$ である．I の任意の元 c をとる．剰余定理より，
$$c = qb + r, \ 0 \leq r < b$$
となる整数 $q, r \in \mathbf{Z}$ が存在する．$r = c - qb$ と書けば，右辺は I に含まれるから $r \in I$ となる．I^+ に含まれる最小の自然数が b だったから，$r \notin I^+$ を得る．したがって，$r = 0$ となり，$c = qb \in (b)$，すなわち $(b) \supset I$ となる．ゆえに，$I = (b)$ となり，I は単項イデアルである． ∎

系 2.8.7 有理整数環 $\mathbf{Z}$ のイデアル $I = (a_1, a_2, \cdots, a_n)$ において，$a_1, a_2, \cdots, a_n$ の最大公約数を d $(d > 0)$ とすれば，$I = (d)$ である．

証明 定理 2.8.6 より $I = (b)$ $(b > 0)$ と書ける．このとき $r_1, r_2, \cdots, r_n \in \mathbf{Z}$ が存在して，
$$b = r_1 a_1 + r_2 a_2 + \cdots + r_n a_n$$
だから，$d \mid b$ となる．他方，$a_i \in I = (b)$ より $b \mid a_i$ だから $b \mid d$ を得る．したがって，$b \sim d$ であるが，b, d ともに正数だから $b = d$ となる．■

系 2.8.8 $a_1, a_2 \in \mathbf{Z}$ で，a_1, a_2 は互いに素とする．このとき，$m_1, m_2 \in \mathbf{Z}$ で，$m_1 a_1 + m_2 a_2 = 1$ となるものが存在する．

証明 系 2.8.7 より，$(a_1, a_2) = (1) = \mathbf{Z}$ となる．結果はこの事実からしたがう．■

定理 2.8.9 k を体とする．k 上の 1 変数多項式環 $k[x]$ は単項イデアル整域である．

証明 I を $k[x]$ のイデアルとする．$I = (0)$ なら単項イデアルであるから，$I \neq (0)$ の場合を考えればよい．このとき，I の 0 ではない元で次数最小のものを $f(x)$ とすれば $I \supset (f(x))$ である．I の任意の元 $g(x)$ をとる．剰余定理より
$$g(x) = q(x) f(x) + r(x), \ \deg r(x) < \deg f(x)$$
となる多項式 $q(x), r(x) \in k[x]$ が存在する．$r(x) = g(x) - q(x) f(x)$ と書けば，右辺は I に含まれるから $r(x) \in I$ となる．I に含まれる 0 ではない元のうち次数最小の元が $f(x)$ だったから，$r(x) \equiv 0$ となり，$g(x) = q(x) f(x) \in (f(x))$，すなわち $(f(x)) \supset I$ となる．ゆえに，$I = (f(x))$ となり，I は単項イデアルである．■

この定理を用いれば，系 2.8.7，系 2.8.8 の証明とまったく同様にして次の 2 つの系を得る．

系 2.8.10 k を体とする. k 上の 1 変数多項式環 $k[x]$ のイデアル

$$I = (f_1(x), f_2(x), \cdots, f_n(x))$$

において, $f_1(x), f_2(x), \cdots, f_n(x)$ の最大公約元を $d(x)$ とすれば, $I = (d(x))$ である.

系 2.8.11 k を体とする. $f_1(x), f_2(x) \in k[x]$ で, $f_1(x), f_2(x)$ は互いに素とする. このとき, $g_1(x), g_2(x) \in k[x]$ で, $g_1(x)f_1(x) + g_2(x)f_2(x) = 1$ となるものが存在する.

【例 2.8.12】 有理整数環 $\mathbf{Z}$ は単項イデアル整域であるから, $\mathbf{Z}$ の素イデアルは (0) と (p) (p は任意の素数) であり, 極大イデアルは (p) (p は任意の素数) ある.

【例 2.8.13】 体 k 上の 1 変数多項式環 $k[x]$ は単項イデアル整域であるから, $k[x]$ の素イデアルは (0) と $(f(x))$ ($f(x)$ は $k[x]$ の既約多項式) であり, 極大イデアルは $(f(x))$ ($f(x)$ は $k[x]$ の既約多項式) である. 体 k 上の 2 変数多項式環 $k[x,y]$ は単項イデアル整域ではない. たとえば, イデアル (x,y) は 1 つの元では生成されない.

2.9　商体

2 個の整数 m, n $(n \neq 0)$ から有理数 m/n をつくることができる. 本節において, 有理整数環 $\mathbf{Z}$ の元の商を考えることによって有理数体 $\mathbf{Q}$ をつくる操作を整域に一般化する. I を整域とし, その単位元を e と書く.

定義 2.9.1 次の性質 (i), (ii) を持つ体 F を整域 I の**商体** (field of fractions) という.

(i) 単射準同型写像 $\iota : I \hookrightarrow F$ が存在する.

(ii) F の任意の元 α に対し, $a, b \in I, b \neq 0$ が存在して,

$$\alpha = \iota(a)\iota(b)^{-1}$$

と書ける．

【例 2.9.2】 E を体とし，その単位元を 1 と書く．整域 I が $I \subset E$ となっている場合を考えよう．

$$F = \{ab^{-1} \mid a, b \in I \ (b \neq 0)\}$$

とおく．このとき，F は I の商体になる．なぜならば，F が E の部分体になることは定理 2.2.7 からしたがう．自然な入射

$$\begin{array}{rcl} \iota: I & \hookrightarrow & F \\ a & \mapsto & a \cdot 1^{-1} = a \end{array}$$

を考えれば，F が商体の条件を満たすことは明らかである．

整域 I から商体を構成しよう．直積集合 $I \times I$ の部分集合

$$X = \{(a, b) \mid a, b \in I,\ b \neq 0\}$$

を考える．X の 2 元 $(a, b), (a', b')$ に対し，

$$(a, b) \sim (a', b') \iff ab' - a'b = 0$$

と定義する．これは同値関係である．同値類の集合を $F = X/\sim$ とおき，$(a, b) \in X$ を含む同値類を a/b と書く．このとき $(a, b), (c, d) \in X$ に対し，

$$a/b = c/d \iff ad - bc = 0$$

である．F に次のように和と積を定義する：

$$\begin{array}{rl} 和 & a/b + c/d = (ad + bc)/bd \\ 積 & (a/b)(c/d) = ac/bd \end{array}$$

この定義が代表元のとり方によらず決まることは直接確かめられる．F はこの演算に関し体になる．零元は $0/e$，単位元は e/e である．

注意 2.9.3 $(a, b) \in X$ に対し，次が成立する：

$$\begin{cases} -(a/b) = (-a)/b \\ a/b \neq 0/e \implies (a/b)^{-1} = b/a. \end{cases}$$

I から F への写像を
$$\begin{array}{rccc} \iota: & I & \longrightarrow & F \\ & a & \mapsto & a/e \end{array}$$

と定義する．この写像は単射準同型写像であり，F の元 a/b は，

$$a/b = (a/e)(e/b) = \iota(a)\iota(b)^{-1}$$

と書けるから，F は I の商体となる．

【例 2.9.4】 $\mathbf{Z}$ の商体は $\mathbf{Q}$, $\mathbf{Z}[i]$ の商体は $\mathbf{Q}(i)$ である．$K \supset k$ を 2 つの体，$K \ni a_1, a_2, \cdots, a_n$ とするとき，$k[a_1, a_2, \cdots, a_n]$ の商体は $k(a_1, a_2, \cdots, a_n)$ である．また，1 変数多項式環 $k[x]$ の商体は 1 変数有理関数体 $k(x)$ である．

定理 2.9.5 I, I' を整域，F, F' をそれぞれ I, I' の商体とする．$f: I \cong I'$ であるならば，$F \cong F'$ である．

証明 定義から単射準同型写像 $\iota: I \hookrightarrow F$, $\iota': I' \hookrightarrow F'$ が存在する．$a, b \in I$ に対し，
$$\begin{array}{ccc} F & \longrightarrow & F' \\ \iota(a)\iota(b)^{-1} & \mapsto & \iota'(f(a))\iota'(f(b))^{-1} \end{array}$$
は同値類の代表元のとり方によらず決まり，同型写像になることは容易にわかる． ∎

系 2.9.6 I の商体はすべて同型である．

証明 恒等写像 $id: I \longrightarrow I$ に定理 2.9.5 を用いればよい． ∎

2.10 素体と標数

定義 2.10.1　体 $P(\neq \{0\})$ の部分体が P しか存在しないとき，P を**素体** (prime field) という．

【例 2.10.2】　有理数体 $\mathbf{Q}$ は素体である．

補題 2.10.3　p を素数とするとき，$\mathbf{Z}/(p)$ は素体である．

証明　環であることは明らか．$\mathbf{Z}/(p)$ の零でない元 $a+(p)$ をとれば，a と p は互いに素である．したがって系 2.8.8 より $m_1, m_2 \in \mathbf{Z}$ が存在して，

$$m_1 a + m_2 p = 1$$

となる．したがって，$\mathbf{Z}/(p)$ において $(m_1+(p))(a+(p)) = 1+(p)$ となるから，$m_1+(p)$ は $a+(p)$ の逆元となり，$\mathbf{Z}/(p)$ が体になることがわかる．$\mathbf{Z}/(p)$ は体として 1 で生成されるから，$\mathbf{Z}/(p)$ は素体である．　∎

補題 2.10.4　k を体とすれば，k はただ 1 つの素体を含む．

証明　k の部分体全体の共通部分を P とする．P は 1 を含みかつ P 以外に部分体を含まない．したがって素体である．　∎

　k を体，e をその単位元とする．環の準同型写像

$$f: \mathbf{Z} \longrightarrow k$$
$$n \mapsto ne$$

を考えれば，$\mathrm{Ker}\, f$ は $\mathbf{Z}$ のイデアルである．$\mathbf{Z}$ は単項イデアル整域であるから，$p \in \mathbf{Z}\ (p \geq 0)$ が存在して $\mathrm{Ker}\, f = (p)$ と書ける．

補題 2.10.5　上記において，p は 0 か素数である．

証明 $p \neq 0$ とする．p が素数でなければ，$p = m_1 m_2$ $(m_1, m_2 > 1)$ と書ける．このとき，
$$0 = pe = (m_1 e)(m_2 e)$$
であるが，k は体だから，$m_1 e = 0$ または $m_2 e = 0$ を得る．ゆえに，$m_1 \in (p)$ または $m_2 \in (p)$ となるが，これは $p > m_1, m_2$ に反する． ∎

この補題において，$p = 0$ ならば $f : \mathbf{Z} \hookrightarrow k$ は単射となるから，k が含む素体は $\mathbf{Z}$ の商体 $\mathbf{Q}$ である．$p > 0$ ならば単射準同型写像
$$\mathbf{Z}/(p) \hookrightarrow k$$
を得る．したがって，$p > 0$ の場合の素体は $\mathbf{Z}/(p)$ である．以上から，素体は $\mathbf{Q}$ であるか，素数 p に対して $\mathbf{Z}/(p)$ であるかのいずれかである．

定義 2.10.6 上記の p を体 k の**標数** (characteristic) という．$p = 0$ のとき，k の標数は 0，$p > 0$ のとき k の標数は p あるいは**正標数** (positive characteristic) という．

定義 2.10.7 有限個の元からなる体を**有限体** (finite field) という．

$\mathbf{F}_p = \mathbf{Z}/(p)$ とおく．$\mathbf{F}_p$ は標数 p の有限体である．

【例 2.10.8】 k を標数 $p > 0$ の体とする．写像
$$\begin{array}{rccc} F : & k & \longrightarrow & k \\ & x & \mapsto & x^p \end{array}$$
は体の準同型写像である．$1 \leq i \leq p-1$ に対し，2 項係数 $\binom{p}{i}$ は p で割り切れるから k の元としては 0 である．$x, y \in k$ に対して，
$$\begin{aligned}(xy)^p &= x^p y^p \\ (x+y)^p &= x^p + \sum_{i=1}^{p-1} \binom{p}{i} x^{p-i} y^i + y^p \\ &= x^p + y^p \end{aligned}$$

が成り立つから，F は体 k の準同型写像になる．F を**フロベニウス写像** (Frobenius map) という．F は単射であり，k が有限体ならば自己同型写像になることが容易にわかる．

2.11 一意分解整域上の多項式環

I を一意分解整域，e をその単位元とする．一意分解整域 I においては，すでに述べたように素元と既約元は一致する．$I[x]$ を I 上の1変数多項式環とする．

定義 2.11.1 $I[X] \ni f(x) = a_0+a_1x+\cdots+a_nx^n$ に対し，係数 $a_0, a_1, \cdots, a_n$ の最大公約元を $c(f)$ と書き，f の**内容** (content, または Inhalt) という．

定義 2.11.2 $I[X] \ni f$ に対し，$c(f) \sim e$ となるとき，f は**原始的** (primitive) であるという．

補題 2.11.3 $f, g \in I[x]$ に対し，$c(f) \sim e$ かつ $c(g) \sim e$ ならば，$c(fg) \sim e$ である．

証明
$$f(x) = a_0 + a_1x + \cdots + a_nx^n,$$
$$g(x) = b_0 + b_1x + \cdots + b_mx^m$$
とし，
$$f(x)g(x) = c_0 + c_1x + \cdots + c_{m+n}x^{m+n}$$
とおく．ただし，この表現に現われない添数 ℓ については $a_\ell = b_\ell = c_\ell = 0$ とする．$c(fg) \not\sim e$ と仮定すれば，素元 p が存在して $p \mid c(fg)$ となる．このとき，任意の ℓ に対し，$p \mid c_\ell$ である．p が $c(f), c(g)$ を割らないとすれば，ある i, j があって，
$$p \mid a_\ell \ (0 \leq \ell \leq i-1),\ p \nmid a_i$$
$$p \mid b_\ell \ (0 \leq \ell \leq j-1),\ p \nmid b_j$$
となる．このとき，

$$c_{i+j} = a_i b_j + (a_{i-1} b_{j+1} + \cdots + a_0 b_{i+j}) + (a_{i+1} b_{j-1} + \cdots + a_{i+j} b_0)$$

となるが，左辺は p で割れるが，$p \nmid a_i b_j$ より右辺は p で割れないから矛盾である． ∎

補題 2.11.4　　$f(x), g(x) \in I[x]$ に対し，$c(fg) = c(f)c(g)$ が成り立つ．

証明　原始的な $f_0(x), g_0(x) \in I[x]$ が存在して，

$$f(x) = a f_0(x),\ a = c(f),$$
$$g(x) = b g_0(x),\ b = c(g)$$

なる表示を得るから，

$$f(x)g(x) = ab f_0(x) g_0(x)$$

となる．ゆえに，補題 2.11.3 より，

$$c(fg) = ab = c(f)c(g)$$

を得る． ∎

補題 2.11.5　　$p \in I$ を素元とすれば，p は $I[x]$ の素元である．

証明　$f(x), g(x) \in I[x]$ に対して，$p \mid f(x)g(x)$ とする．$p \mid c(fg) \sim c(f)c(g)$ となるから，$p \mid c(f)$ または $p \mid c(g)$ である．ゆえに，$p \mid f(x)$ または $p \mid g(x)$ となり，結果を得る． ∎

定理 2.11.6　　I の商体を k とする．$f(x) \in I[x]$ を原始的な元とするとき，$f(x)$ が $I[x]$ で素元であるための必要十分条件は $k[x]$ で素元であることである．

証明　$f(x)$ が $k[x]$ の素元であるとする．$g(x), h(x) \in I[x]$ に対し，

$$f(x) \mid g(x) h(x)$$

とする．$k[x]$ において考えれば，$f(x)$ が素元であることから $f(x) \mid g(x)$ または $f(x) \mid h(x)$ となる．一般性を失わず $f(x) \mid g(x)$ としてよい．このとき，

$q(x) \in k[x]$ が存在して, $g(x) = f(x)q(x)$ となる. 互いに素な元 $a, b \in I$ と原始的な元 $q_0(x) \in I[x]$ が存在して, $q(x) = (a/b)q_0(x)$ となる. このとき,

$$bg(x) = f(x)aq_0(x)$$

が $I[x]$ において成り立つから, 内容をとって

$$bc(g) = ac(f)c(q_0)$$

となり, $c(f) \sim e$ かつ $c(q_0) \sim e$ より $bc(g) \sim a$ を得る. a, b は互いに素だから,

$$a \sim c(g), \ b \sim e$$

を得る. ゆえに, $a/b \in I$ であり,

$$q(x) = (a/b)q_0(x) \in I[x]$$

となるから, $I[x]$ において $f(x) \mid g(x)$ となる. これは, $f(x)$ が $I[x]$ で素元であることを示している.

逆に, $f(x)$ が $I[x]$ の素元であるとする. $f(x)$ が $k[x]$ の素元であることを示すために, $g(x), h(x) \in k[x]$ に対し $f(x) \mid g(x)h(x)$ とする. このとき, $q(x) \in k[x]$ が存在して, $g(x)h(x) = f(x)q(x)$ となる. $g(x)$ に対し互いに素な元 $a_1, b_1 \in I$ と原始的な元 $g_0(x) \in I[x]$ が存在して, $g(x) = (a_1/b_1)g_0(x)$ と書ける. 同様に, 互いに素な元 $a_2, b_2 \in I$ と原始的な元 $h_0(x) \in I[x]$ が存在して, $h(x) = (a_2/b_2)h_0(x)$ と書け, 互いに素な元 $a_3, b_3 \in I$ と原始的な元 $q_0(x) \in I[x]$ が存在して, $q(x) = (a_3/b_3)q_0(x)$ と書ける. このとき,

$$b_1 b_2 a_3 f(x) q_0(x) = b_3 a_1 a_2 g_0(x) h_0(x)$$

が $I[x]$ において成り立つから, 内容をとれば, $c(f) \sim e$ を考えて

$$b_1 b_2 a_3 \sim b_3 a_1 a_2$$

となる. したがって, 単元 u が存在して, $I[x]$ において

$$f(x)q_0(x) = ug_0(x)h_0(x)$$

となる．ゆえに，$f(x) \mid g_0 h_0$ であり，$f(x)$ は $I[x]$ の素元だから，$f(x) \mid g_0$ または $f(x) \mid h_0$ となる．ゆえに，$k[x]$ において $f(x) \mid g(x)$ または $f(x) \mid h(x)$ となり，$f(x)$ は $k[x]$ で素元である． ∎

定理 2.11.7（ガウスの定理） I が一意分解整域であるための必要十分条件は I 上の 1 変数多項式環 $I[x]$ が一意分解整域になることである．

証明 十分性は $I \subset I[x]$ より明らかであるから，必要性を示す．
　$f(x) \in I[x]$ をとる．$f_0(x) \in I[x], c(f_0) \sim e$ があって，

$$f(x) = a f_0(x), \ a = c(f)$$

と書ける．I は一意分解整域だから，I の素元 $p_i \ (i=1,\cdots,r)$ と I の単元 u があって，

$$a = u p_1 \cdots p_r$$

と書ける．I の商体を k とすれば，$k[x]$ は単項イデアル整域であるから一意分解整域である．したがって，素元 $q_i(x) \in k[x]$ が存在して，

$$f_0(x) = q_1(x) q_2(x) \cdots q_s(x)$$

と分解される．このとき，原始元 $q_{i0} \in I[x]$ と互いに素な $c_i, d_i \in I$ が存在して，

$$q_i(x) = (c_i/d_i) q_{i0}(x)$$

と表示される．したがって，

$$\left(\prod_{i=1}^{s} d_i \right) f_0(x) = \left(\prod_{i=1}^{s} c_i \right) \left(\prod_{i=1}^{s} q_{i0}(x) \right)$$

となる．両辺の内容をとって，

$$\prod_{i=1}^{s} d_i \sim \prod_{i=1}^{s} c_i$$

となる．ゆえに，$u' = \prod_{i=1}^{s} c_i / \prod_{i=1}^{s} d_i$ とおけば，u' は I の単元であり，

$$f_0(x) = u' \prod_{i=1}^{s} q_{i0}(x)$$

となる. $\tilde{u} = uu'$ とおく. 定理 2.11.6 より $q_{i0}(x)$ $(i = 1, \cdots, s)$ は $I[x]$ の素元であるから,

$$f(x) = \tilde{u} p_1 \cdots p_r \prod_{i=1}^{s} q_{i0}(x)$$

なる素元分解を得る. 分解の一意性は定理 2.8.5 の証明と同様である. ∎

系 2.11.8 k を体とすれば, k 上の n 変数多項式環 $k[x_1, \cdots, x_n]$ は一意分解整域である.

系 2.11.9 有理整数環 $\mathbf{Z}$ 上の n 変数多項式環 $\mathbf{Z}[x_1, \cdots, x_n]$ は一意分解整域である. とくに, $\mathbf{Z}[x]$ は一意分解整域である.

定理 2.11.10(アイゼンシュタインの既約性判定法)

$$f(x) = a_0 + a_1 x + \cdots + a_n x^n \in \mathbf{Z}[x], \ a_n \neq 0$$

に対し, 素数 p で

$$p \nmid a_n, \ p \mid a_i \ (i = 0, 1, \cdots, n-1), \ p^2 \nmid a_0$$

となるものが存在するとする. このとき, $f(x)$ は $\mathbf{Q}[x]$ で素元である.

証明 $c(f) = a \ (a \in \mathbf{Z})$ とする. $f(x) = a f_0(x), f_0(x) \in \mathbf{Z}[x]$ とおけば, $f_0(x)$ も $f(x)$ と同じ条件を満たす. したがって, $c(f) \sim e$ として $f(x)$ が $\mathbf{Z}[x]$ で既約であることを示せば, $\mathbf{Z}[x]$ が一意分解整域であることから $f(x)$ は $\mathbf{Z}[x]$ で素元となり, 定理 2.11.6 より $f(x)$ は $\mathbf{Q}[x]$ で素元となる.

$c(f) \sim e$ として

$$f(x) = g(x) h(x), \ g(x), h(x) \in \mathbf{Z}[x], \ \deg g > 0, \deg h > 0$$

とし,

$$g(x) = b_0 + b_1 x + \cdots + b_\ell x^\ell,$$
$$h(x) = c_0 + c_1 x + \cdots + c_m x^m$$

とおく. $a_0 = b_0 c_0$ で $p \mid a_0, p^2 \nmid a_0$ であるから, b_0, c_0 の一方のみが p で割り切れる.

$$p \mid b_0, \ p \nmid c_0$$

としてよい. $p \nmid a_n$ より $g(x)$ の係数がすべて p で割り切れることはないから,

$$p \mid b_0, \ p \mid b_1, \cdots, p \mid b_{i-1}, \ p \nmid b_i$$

となる $i \leq \ell$ が存在する. $f(x)$ の x^i の係数をみれば

$$a_i = b_0 c_i + b_1 c_{i-1} + \cdots + b_i c_0$$

となるが, 右辺の $b_i c_0$ 以外の項は p で割り切れる. これは $p \mid a_i$ に反する. したがって, $f(x)$ は $\mathbf{Z}[x]$ で既約である. ∎

定理 2.11.10 の証明から次の系を得る.

系 2.11.11 定理 2.11.10 の仮定の下に, $f(x)$ が原始的であれば, $f(x)$ は $\mathbf{Z}[x]$ の素元である.

【例 2.11.12】 $x^2 - 2$ は $\mathbf{Z}[x]$ で既約である. なぜならば, $p = 2$ とおいてアイゼンシュタインの既約性判定法を適用すればよい.

【例 2.11.13】 p を素数とするとき,

$$f(x) = x^{p-1} + x^{p-2} + \cdots + x + 1$$

は $\mathbf{Q}[x]$ で既約である. なぜならば, $f(x)$ が既約であることと $f(x+1)$ が既約であることは同値であるから,

$$f(x+1) = \{(x+1)^p - 1\}/\{(x+1) - 1\} = x^{p-1} + \sum_{i=2}^{p-1} \binom{p}{i} x^{i-1} + p$$

の既約性を示せばよい. これはアイゼンシュタインの既約性判定法からしたがう.

章末問題

(1) G をアーベル群(加法で書く)とし,G の群としての自己準同型写像全体を $\mathrm{End}_{gr}(G)$ と書く.そのとき,$\mathrm{End}_{gr}(G)$ は,和,積をそれぞれ
$$(f+g)(x) = f(x) + g(x), \quad (f \circ g)(x) = f(g(x))$$
で定義すれば環となることを示せ.また,この環の単元は何か.

(2) p を素数とするとき,$x^p \equiv x \pmod{p}$ がすべての整数 x に対して成り立つことを示せ(フェルマーの定理).

(3) p を素数とするとき,$(p-1)! \equiv -1 \pmod{p}$ を示せ(ウィルソンの定理).

(4) p を素数とするとき,環 $\mathbf{Z}/p^\nu \mathbf{Z}$ の単元のなす乗法群 $U(\mathbf{Z}/p^\nu \mathbf{Z})$ の構造は,
$$p \neq 2, \text{または } p=2, \nu=1 \text{ ならば巡回群}$$
$$p=2, \nu \geq 2 \text{ ならば } \mathbf{Z}/2\mathbf{Z} \times \text{巡回群}$$
であることを示せ.

(5) ハミルトンの 4 元数体 $\mathbf{H}$(非可換)の中で方程式
$$x^2 + 2 = 0$$
の根は無限にあることを示せ.

(6) 環 $\mathbf{Z}[\sqrt{d}]$(d は平方因子を含まない整数)の元 $\alpha = a + b\sqrt{d}$ の共役を $\bar{\alpha} = a - b\sqrt{d}$,ノルムを
$$N(\alpha) = \alpha\bar{\alpha} = a^2 - db^2$$
と定義する.α が $\mathbf{Z}[\sqrt{d}]$ の単元(単数)であることと $N(\alpha) = \pm 1$ は同値であることを示せ.

(7) d を平方因子を含まない負の整数とし,
$$d \equiv 2,3 \pmod{4} \text{ のとき } \omega = \sqrt{d}$$
$$d \equiv 1 \pmod{4} \text{ のとき } \omega = (1+\sqrt{d})/2$$
とおく.このとき,$\mathbf{Z}[\omega]$ の単元(単数)をすべて求めよ.

(8) p を素数とするとき,

$$\mathbf{Z}_{(p)} = \left\{ \frac{a}{b} \,\middle|\, a, b \in \mathbf{Z},\ (b, p) = 1 \right\}$$

は，$\mathbf{Q}$ の部分環であることを示し，この環のイデアルをすべて求めよ．また，単元をすべてもとめよ．

(9) 実数体上の n 行 n 列の行列全体がつくる（非可換）環の左イデアルおよび右イデアルを決定せよ．また，両側イデアルは何か．

(10) n を自然数としたとき，環 $\mathbf{Z}/n\mathbf{Z}$ の単元全体のつくる乗法群 $U(\mathbf{Z}/n\mathbf{Z})$ の位数を $\varphi(n)$ と書き，**オイラーの φ-函数** という．

$$\mathbf{Z}/m\mathbf{Z} \cong \mathbf{Z}/p_1^{\nu_1}\mathbf{Z} \times \cdots \times \mathbf{Z}/p_\gamma^{\nu_\gamma}\mathbf{Z}$$

（環として同型，$m = p_1^{\nu_1} \cdots p_\gamma^{\nu_\gamma}$ は素因子分解，p_i は相異なる素数）を使って，

$$\varphi(m) = m \left(1 - \frac{1}{p_1}\right)\left(1 - \frac{1}{p_2}\right)\cdots\left(1 - \frac{1}{p_\gamma}\right)$$

を示せ．

(11) $\mathbf{Z}[\frac{1+\sqrt{-3}}{2}] \cong \mathbf{Z}[x]/(x^2 - x + 1)$ を示せ．

(12) $\mathfrak{a}_1, \cdots, \mathfrak{a}_n$ を可換環 R のイデアルとし，$\mathfrak{a}_i + \mathfrak{a}_j = R$ $(i \neq j,\ 1 \leq i, j \leq n)$ とする．次の (i), (ii), (iii) を証明せよ．

(i) R の元の任意の n 個の元の組 $(\alpha_1, \cdots, \alpha_n)$ に対して，$x \equiv \alpha_i \pmod{\mathfrak{a}_i}$ $(1 \leq i \leq n)$ を満たす R の元 x が存在する．

(ii) $\mathfrak{a}_1 \mathfrak{a}_2 \cdots \mathfrak{a}_n = \mathfrak{a}_1 \cap \mathfrak{a}_2 \cap \cdots \cap \mathfrak{a}_n$．

(iii) $R/\mathfrak{a}_1 \mathfrak{a}_2 \cdots \mathfrak{a}_n \cong R/\mathfrak{a}_1 \times \cdots \times R/\mathfrak{a}_n$．

(13) $\mathbf{Q}[\sqrt[3]{2}] = \{a + b\sqrt[3]{2} + c(\sqrt[3]{2})^2 \in \mathbf{R} \mid a, b, c \in \mathbf{Q}\}$ に対し，$\mathbf{Q}[\sqrt[3]{2}] = \mathbf{Q}(\sqrt[3]{2})$ を示せ．また，$\mathbf{Q}(\sqrt[3]{2})$ の環としての自己同型写像をすべて求めよ．

(14) $\mathbf{Q}(\sqrt{2}) = \{a + b\sqrt{2} \in \mathbf{R} \mid a, b \in \mathbf{Q}\}$ の環としての自己同型写像をすべて求めよ．

(15) $\mathbf{Z}[\sqrt{d}]$（d は平方因子を含まない整数）の元 $\alpha = a + b\sqrt{d}$ のノルムを問題 (6) のように定義する．$N(\alpha)$ が $\mathbf{Z}$ の既約元なら α は $\mathbf{Z}[\sqrt{d}]$ の既約元であることを示せ．

(16) $\mathbf{Z}[\sqrt{-3}]$ において，35 を素因子分解せよ．

(17) $\mathbf{Z}[\sqrt{-1}] = \{a + b\sqrt{-1} \in \mathbf{C} \mid a, b \in \mathbf{Z}\}$ は単項イデアル整域であることを証明せよ．また，この環の単元は何か．

(18) R を整域，g を $R \setminus \{0\}$ から負でない整数への関数で次の条件 (i), (ii) を満たすものとする．

(i) 任意の $a, b \in R$, $a \neq 0$, $b \neq 0$ に対し, $g(ab) \geq g(a)$ が成り立つ.

(ii) R の 2 元 a, b $(a \neq 0)$ に対し,
$$b = qa + r, \ r = 0 \ \text{または} \ g(r) < g(a)$$
が成り立つ.

この性質を持つ整域を**ユークリッド整域** (Euclidean domain) という. ユークリッド整域は一意分解整域であることを示せ.

(19) 問題 (15), (18) の用語を用いて, 関数 g をノルムにとる. $\mathbf{Z}[\omega]$ は $d = -1, -2, -3, -7, -11$ のときユークリッド整域であることを示せ (注意: 関数 g をノルムにとってユークリッド整域になるのは, これらの場合に限ることが知られている).

(20) R を可換環, $\mathfrak{a}$ を R のイデアルとする. $\mathfrak{p}_i$ $(i = 1, 2, \cdots, n)$ を R の素イデアルとし,
$$\mathfrak{a} \subset \mathfrak{p}_1 \cup \mathfrak{p}_2 \cup \cdots \cup \mathfrak{p}_n$$
とすれば, ある i があって $\mathfrak{a} \subset \mathfrak{p}_i$ となることを示せ.

(21) 整域 $\mathbf{Z}[\sqrt{10}]$ において, イデアル $\mathfrak{p} = (3, 4 + \sqrt{10})$ は素イデアルであることを示せ.

(22) 整域 $\mathbf{Z}[\sqrt{10}]$ において, イデアル (3) を素イデアルの積に分解せよ.

(23) 整域 $\mathbf{Z}[(1+\sqrt{-3})/2]$ において, イデアル $(2), (3), (4), (5), (6)$ を素イデアルの積に分解せよ.

(24) 整域 $\mathbf{Z}[\sqrt{-1}]$ の素イデアルをすべて求めよ.

(25) $\alpha = a + b\sqrt{-1} \in \mathbf{Z}[\sqrt{-1}]$ $(a, b \in \mathbf{Z})$ が $\lambda = 1 - \sqrt{-1}$ の倍数でないならば $\alpha^4 \equiv 1 \pmod 8$ となることを示せ.

(26) $X^4 + Y^4 = Z^4$ は $XYZ \neq 0$ なる有理整数解を持たないことを示せ.

(27) k を体とするとき, 多項式環 $k[x]$ には既約多項式が無限に存在することを示せ.

(28) 整域 R の既約元 a のなす単項イデアル (a) は素イデアルか.

(29) 複素数体 $\mathbf{C}$ 上の 1 変数多項式環 $\mathbf{C}[x]$ のイデアルを決定せよ. また, 素イデアル, 極大イデアルを求めよ.

(30) 複素数体 $\mathbf{C}$ 上の 1 変数べき級数環 $\mathbf{C}[[x]] = \{a_0 + a_1 x + a_2 x^2 + \cdots | a_0, a_1, a_2, \cdots \in \mathbf{C}\}$ のイデアルを決定せよ. また, 素イデアル, 極大イデアルを求めよ.

(31) k を体とするとき, 多項式環 $k[x, y]$ において, イデアル $(x^2 - y^3)$ は素イデアルであるが, 極大イデアルではないことを示せ.

(32) $\mathbf{Z}[x, y]$ で $(x, y^2 + 1)$ は素イデアルであることを示せ.

(33) $\mathbf{Q}[x,y]$ で (x, y^2+1) は極大イデアルであることを示せ.

(34) $\mathbf{C}[x,y]$ で (x, y^2+1) は素イデアルではないことを示せ.

(35) 複素数体上の n 変数多項式環 $R = \mathbf{C}[x_1, \cdots, x_n]$ を考える. n 次元複素空間 $\mathbf{C}^n$ の点 P で零になるような多項式全体 m_P は R の極大イデアルであることを示せ($\mathbf{C}[x_1, \cdots, x_n]$ の極大イデアルはこれらで尽くされることが知られている(ヒルベルトの弱零点定理)).

(36) 体 k 上の 4 変数多項式環 $k[x,y,z,w]$ のイデアル $(xz - y^2, yw - z^2, xw - yz)$ は素イデアルであることを示せ.

(37) R, R' を単位元を持つ可換環, $f : R' \longrightarrow R$ を準同型写像とする. $\mathfrak{p}$ が R の素イデアルならば, $f^{-1}(\mathfrak{p})$ も R' の素イデアルであることを示せ. また, $\mathfrak{m}$ が R の極大イデアルならば, $f^{-1}(\mathfrak{m})$ も R' の極大イデアルか.

(38) (局所環) $\mathfrak{m}$ を R の極大イデアルとするとき, 次は同値であることを示せ. これらの条件を満たす環を **局所環** (local ring) という.

　(i) 極大イデアルは $\mathfrak{m}$ のみである.

　(ii) $\mathfrak{m}$ に含まれない R の元は単元である.

　(iii) $\mathfrak{m}$ の任意の元 x に対し, $1+x$ は単元である.

　(iv) R と異なるイデアルは $\mathfrak{m}$ に含まれる.

(39) 環 R の部分集合 $S(\neq \emptyset)$ が

$$1 \in S, \ 0 \notin S, \ \text{かつ} \ s, t \in S \implies st \in S$$

を満たすとき S を R の **積閉集合** (multiplicative set) という. S が R の積閉集合とするとき, 直積集合 $R \times S$ の元に同値関係を

$$(a, s) \sim (b, t) \iff \exists u \in S \ \text{s.t.} \ uta = usb$$

により定義し, (a, s) を含む同値類を a/s と書く.

　(i) これが同値関係になっていることを確かめよ.

　(ii) 同値類の集合 $S^{-1}R$ の 2 元 $a/s, b/t$ の和を $(ta+sb)/st$, 積を ab/st と定義すると, これは代表元 $(a,s), (b,t)$ のとり方によらないことを示し, $S^{-1}R$ が環になることを示せ.

　(iii) 写像 $\varphi : R \longrightarrow S^{-1}R$ を $\varphi(a) = a/1$ と定めると φ は準同型写像で, 任意の $u \in S$ に対し $\varphi(u)$ は単元となる.

　(iv) $f : R \longrightarrow R'$ が環の準同型写像で任意の $u \in S$ に対し $f(u)$ が単元であれば, $f = f' \circ \varphi$ となる準同型写像 $f' : S^{-1}R \longrightarrow R'$ がただ 1 つ存在することを示せ.

($S^{-1}R$ を R の S による**局所化** (localization) という．)

(40) R を単位元を持つ可換環とする．S を R の積閉集合とするとき，R が単項イデアル整域ならば，$S^{-1}R$ も単項イデアル整域になることを示せ．

(41) R を単位元を持つ可換環とする．S を R の積閉集合とするとき，R が一意分解整域ならば，$S^{-1}R$ も一意分解整域になることを示せ．

(42) $\mathfrak{p}$ を R の素イデアル，$S = R \setminus \mathfrak{p}$ とすると S は積閉集合となり，$S^{-1}R$ は局所環（極大イデアルがただ 1 つの環）になることを示せ．$S^{-1}R$ を R の素イデアル $\mathfrak{p}$ における**局所化**といい，$R_{\mathfrak{p}}$ と書く．

(43) $R = \mathbf{Z}$（有理整数環），ある素数 p に対して $\mathfrak{p} = (p)$ とすると，$R_{\mathfrak{p}}$ は何になるか．

(44) $R = k[x]$（体 k 上の多項式環），$\mathfrak{p} = (x)$ とすると，$R_{\mathfrak{p}}$ は何になるか．

(45) p を素数とする．体 $\mathbf{F}_p = \mathbf{Z}/p\mathbf{Z}$ において，平方根が $\mathbf{F}_p$ に存在するような元の数はちょうど $(p+1)/2$ であることを示せ．

問題の略解

第1章

(1) 略.

(2) 略.

(3) e を群 G の右単位元とし,$a \in G$ の右逆元を a' とする.$aa' = e$ である.a' の右逆元を b とする:$a'b = e$.

$$a'a = a'ae = a'a(a'b) = a'((aa')b) = a'(eb) = (a'e)b = a'b = e.$$

また,任意の $a \in G$ に対し,$ea = (aa')a = a(a'a) = ae = a$ より e は単位元で,a の右逆元は逆元になる.

(4) $a \in S$ の位数を n とすれば,単位元 $e = a^n \in S$.このとき,$aa^{n-1} = a^{n-1}a = e$ より a の逆元も S に入る.無限位数の元があるときは,$G = \mathbf{Z}$,$S = \{$ 自然数 $\}$ ととれば反例.

(5) $H \cdot H'$ が G の部分群なら,$H' \cdot H = H'^{-1} \cdot H^{-1} = (H \cdot H')^{-1} = H \cdot H'$.逆に,$H' \cdot H = H \cdot H'$ が成り立つとして,任意の 2 元 $h_1 h'_1$, $h_2 h'_2$ ($h_1, h_2 \in H$, $h'_1, h'_2 \in H'$) をとる.そのとき,仮定を用いて $h_1 h'_1 (h_2 h'_2)^{-1} \in H \cdot H'$ が容易にわかるから,群になる.

(6)(i) n を 2 以上の整数とするとき,1 の n 乗根のなす乗法群.(ii) なし.(iii) 対角成分が -1 のスカラー行列によって生成される位数 2 の部分群.(iv) なし.

(7) 十分であることは明らか.群 G が自明でない部分群を持たないとする.G が位数無限の元 x を持てば,x^2 で生成される群は G の真部分群になるから矛盾.G が位数 mn ($m > 1, n > 1$) の元 x を持てば,x^m で生成される群は真部分群になるから矛盾.よって,G の元の位数は 1 か素数であるが,x を素数 p を位数に持つ元とすれば $\langle x \rangle \subset G$ だから,仮定から $G = \langle x \rangle$ とならざるを得ない.

(8) G の部分群 H をとれば,G の単位元 e は H に必ず含まれる.他の $n-1$ 個の元は H に含まれるか含まれないかの 2 通りの可能性があるので,部分群の個数は高々 2^{n-1} である.G がちょうど 2^{n-1} 個の部分群を持つとすると,単位元 e を含む部分集合がすべて部分群になる.したがって,m を 3 以上の整数とし

て，G が位数 m の元 x を持てば，$\{e, x, \cdots, x^{m-2}\}$ も部分群にならねばならないが，これは不可能．よって，単位元以外の元の位数はすべて 2. 位数 2 の元が 2 個以上あるとし，x, y を相異なる 2 元とすれば，$\{e, x, y\}$ は部分群とならねばならないが，これは不可能．よって，位数 2 の元は高々 1 個．よって，求める群は，自明な群 $\{e\}$ か $\mathbf{Z}/2\mathbf{Z}$.

(9) 有限個の元で生成されるとして，その生成元の分母の最小公倍数を m とする．m と素な素数 p をとれば，$1/p$ はそれらの生成元で生成される部分群に含まれないことを容易に示すことができる．したがって，有限生成ではない．

(10) $\begin{pmatrix} 1 & 1 \\ 0 & 1 \end{pmatrix}$ と $\begin{pmatrix} 0 & 1 \\ -1 & 0 \end{pmatrix}$ によって生成される $SL(2, \mathbf{Z})$ の部分群を H とする．$SL(2, \mathbf{Z})$ の元 $A = \begin{pmatrix} a & b \\ c & d \end{pmatrix}$ に対し，$\ell(A) = \min\{|a|, |b|, |c|, |d|\}$ とおく．$\ell(A) = 0$ なら，行列 $\begin{pmatrix} 0 & 1 \\ -1 & 0 \end{pmatrix}$ を A に左，あるいは右，あるいは左右からかけることによって，$\begin{pmatrix} 1 & m \\ 0 & 1 \end{pmatrix}$ あるいは $\begin{pmatrix} -1 & m \\ 0 & -1 \end{pmatrix}$ の形に変形できる．後者ならば，さらに $\begin{pmatrix} 0 & 1 \\ -1 & 0 \end{pmatrix}^2 = \begin{pmatrix} -1 & 0 \\ 0 & -1 \end{pmatrix}$ をかけることによって前者に変形できる．$\begin{pmatrix} 1 & m \\ 0 & 1 \end{pmatrix} = \begin{pmatrix} 1 & 1 \\ 0 & 1 \end{pmatrix}^m$ であるから，$\ell(A) = 0$ ならば $A \in H$ を得る．$\ell(A) > 0$ ならば，行列 $\begin{pmatrix} 0 & 1 \\ -1 & 0 \end{pmatrix}$ を A に左，あるいは右，あるいは左右からかけることによって変形し，$(1,1)$ 成分に絶対値が最小の成分を（符号を除いて）持ってくることができる．変形された行列を $A' = \begin{pmatrix} a' & b' \\ c' & d' \end{pmatrix}$ とおけば，$\ell(A) = \ell(A')$ である．$b' = ma' + r$ $(m, r \in \mathbf{Z}, 0 \leq r < |a'|)$ とする．$A' \begin{pmatrix} 1 & -m \\ 0 & 1 \end{pmatrix} = \begin{pmatrix} a' & r \\ c' & d' - mc' \end{pmatrix} = A_1$ とおく．この手続きを繰り返して行列 $A_1, A_2, A_3, \cdots$ をつくれば，$\ell(A) > \ell(A_1) > \ell(A_2) > \cdots \geq 0$ なる整数の列を得る．よって，ある n があって，$\ell(A_n) = 0$. 前半を用いれば $A_n \in H$ だから，$\ell(A) > 0$ の場合にも $A \in H$ となる．よって，$H = SL(2, \mathbf{Z})$.

(11) $(1\,2\cdots n)^{-i}(1\,2)(1\,2\cdots n)^i = (n-i+1\ \ n-i+2)$ $(i = 1, 2, \cdots, n)$ （ただし，$n+1$ は 1 とみる）だから，生成される群 H に $(n-i+1\ \ n-i+2)$ が含

まれる．$(1\ i+1)(i\ i+1)(1\ i+1) = (1\ i)$ だから帰納的に $(1\ i)$ $(i = 2, 3, \cdots, n)$ が H に含まれる．$(i\ j) = (1\ i)(1\ j)(1\ i)$ だから，H は任意の互換を含む．よって，$H = S_n$．

(12) xy の位数を n とすれば，$(xy)^n = e$ より $(yx)^{n-1} = x^{-1}y^{-1} = (yx)^{-1}$．ゆえに，$(yx)^n = e$．逆も成り立つから前半を得る．後半は前半からしたがう．

(13) 任意の $x, y \in G$ をとる．仮定より $x^2 = e$ かつ $y^2 = e$．xy の位数は 1 または 2 だから $(xy)^2 = e$．ゆえに，$xy = (xy)^{-1} = y^{-1}x^{-1} = yx$ となり，G は可換群．

(14) 1 の n 乗根のなす群．

(15) $n \geq 4$ ならどちらの中心も単位元のみからなる．$Z(S_3) = \{e\}$, $Z(S_2) = S_2$, $Z(A_3) = A_3$, $Z(A_2) = A_2$．

(16) 零行列ではないスカラー行列のなす群．

(17) $D_n = \langle \sigma, \tau \rangle$, $\sigma^n = e$, $\tau^2 = e$, $\sigma\tau = \tau\sigma^{-1}$ とすれば，n が偶数なら $Z(D_n) = \{e, \sigma^{n/2}\}$, n が奇数なら $Z(D_n) = \{e\}$．

(18) $Q_3 = \{\pm 1,\ \pm i,\ \pm j,\ \pm k\}$, 関係式 $ij = k, jk = i, ki = j, i^2 = -1, j^2 = -1, k^2 = -1$ と表示すれば $Z(Q_3) = \{1, -1\}$．

(19) $\mathbf{Z}/4\mathbf{Z}$ の生成元 1 の行く先を決めればよい．クラインの 4 群を $V = \{e, a, b, c\}$ とすれば，a, b, c の位数は 2 である．1 の行き先は e, a, b, c の 4 通りすべてが可能であり，それぞれに対応して 4 種類の準同型写像を得る．$ab = c$ であるから逆向きの写像は，a, b の行く先を決めれば決まる．a, b のそれぞれの行き先は，位数が 2 の約数の元であるべきだから，2 または 0．したがって，準同型写像は 4 個存在する．

(20) $|G|$ 個．後半は，位数が n の約数になるような G の元の個数に等しい．

(21) n の素因数分解 $n = p_1^{m_1} p_2^{m_2} \cdots p_k^{m_k}$ （p_i は相異なる素数，m_i は自然数）を考えれば，$m_1 + m_2 + \cdots + m_k$ 個以下の元で G の生成元を構成できる．その数は $\log_2 n$ 以下．生成元の行き先が決まれば写像は決まるから，自己同型写像の数は $n^{\log_2 n}$ 以下．

(22)(i) $(\mathbf{Z}/n\mathbf{Z})$． (ii) $\mathbf{Z}$． (iii) $\mathbf{Q}$． (iv) $M(2, \mathbf{Z}/2\mathbf{Z})$．

(23) $G = \{g_1, g_2, \cdots, g_n\}$ とするとき，$x \in G$ の作用を $g_i \mapsto xg_i$ によって定義する．これは，準同型写像 $\varphi: G \to S_n$ を誘導するが，φ は単射となり，G は S_n の部分群と同型になる．

(24) $\log: \mathbf{R}_{>0} \to \mathbf{R}$ は同型．$\mathbf{R}^*$ には位数 2 の元 -1 が存在するが，$\mathbf{R}$ には位数 2 の元が存在しないから同型ではない．

(25) $H \cap H'$ の位数は，H の位数の約数で，かつ H' の位数の約数であるから 1

になる．したがって，$H \cap H' = \{e\}$．

(26) 左剰余類 $\{1, (1\ 2)\}, \{(1\ 3), (1\ 2\ 3))\}, \{(2\ 3), (1\ 3\ 2)\}$．右剰余類 $\{1, (1\ 2)\},$ $\{(1\ 3), (1\ 3\ 2)\}, \{(2\ 3), (1\ 2\ 3)\}$．

(27) 部分群は $\{1\}, \{1, (1\ 2)\}, \{1, (1\ 3)\}, \{1, (2\ 3)\}, \{1, (1\ 3\ 2), (1\ 2\ 3)\}, S_3$ の 6 個．正規部分群は $\{1\}, \{1, (1\ 3\ 2), (1\ 2\ 3)\}, S_3$ の 3 個．

(28) A_4 の位数は 12 だから，部分群の位数は $1, 2, 3, 4, 6, 12$ のいずれか．位数 1 のものは $\{1\}$ が 1 個．位数 2 のものは $\{1, (1\ 2)(3\ 4)\}$ の形のもの 3 個．位数 3 のものは，$\{1, (1\ 2\ 3), (1\ 3\ 2)\}$ の形のものが 4 個．位数 4 のものは $\{1, (1\ 2)(3\ 4), (1\ 3)(2\ 4), (1\ 4)(2\ 3)\}$ が 1 個．位数 6 のものは存在しない（問題 (49) 参照）．位数 12 のものは A_4．

(29) 自然な準同型写像 $G/(N \cap N') \to G/N \times G/N'$ は単射になるが，$G/N \times G/N'$ は可換群だから $G/(N \cap N')$ も可換群になる．

(30) x の位数を n とすれば $x^n = e$．$(xN)^n = x^n N = N$ より xN の G/N における位数は n の約数でかつ G/N の約数．よって仮定から xN の位数は 1．すなわち $xN = N$ で $x \in N$．

(31) 巡回群 $G/Z(G)$ の生成元を $xZ(G)$ とすれば，G の任意の元はある $Z(G)$ の元 c を用いて $x^i c$ の形に表わせる．G のこのような 2 元 $x^i c_1, x^j c_2$ をとれば $x^i c_1 \cdot x^j c_2 = x^i x^j c_1 c_2 = x^j c_2 \cdot x^i c_1$ となり G は可換群となる．

(32) $Z(\mathrm{Aut}(G)) \ni f$ をとる．$a \in G$ に対応する内部自己同型写像 σ_a と任意の $x \in G$ に対し，$f \circ \sigma_a(x) = \sigma_a \circ f(x)$ だから，$f(a)f(x)f(a)^{-1} = af(x)a^{-1}$ となる．ゆえに，$a^{-1}f(a) \in Z(G)$ であり，仮定から $a^{-1}f(a) = e$ となる．これは任意の $a \in G$ に対して成立するから f は恒等写像となり結果を得る．

(33) $a \in G$ によって得られる内部自己同型写像を σ_a と書く．f を自己同型写像，$x \in G$ とすれば，$f \circ \sigma_a \circ f^{-1}(x) = f(af^{-1}(x)a^{-1}) = f(a)xf(a)^{-1} = \sigma_{f(a)}(x)$．よって，$\mathrm{Aut}(G) \triangleright \mathrm{I}(G)$．

(34) $\Omega = \{(1\ 2), (1\ 3), (2\ 3)\}$ とおく．S_3 の自己同型群を G とすれば，$f \in G$ は位数 2 の元を位数 2 の元に移すから，G は Ω の置換を引き起こす．ゆえに，準同型写像 $\varphi : G \to S_3$ を得る．互換は S_3 を生成するから，$x \in G$ に対し $\varphi(x) = 1$ ならば x は恒等写像となり φ は単射．また，S_3 の互換 a を適当にとれば，それが引き起こす内部自己同型写像 σ_a は Ω の任意の互換を引き起こすから，$\mathrm{Im}\,\varphi$ は互換をすべて含む．ゆえに，$\mathrm{Im}\,\varphi = S_3$．よって，$S_3$ の自己同型群は S_3 に同型．

(35) $\sigma, \tau \in S_4$ を任意の元とすれば，τ とその共役元 $\sigma\tau\sigma^{-1}$ の型は一致する（型については問題 (47) の解答参照）．よって，$\sigma V \sigma^{-1} = V$ となり $S_4 \triangleright V$．$\sigma \in S_4$

は，
$$x \in U = \{(1\,2)(3\,4), (1\,3)(2\,4), (1\,4)(2\,3)\}$$
に対し U の元 $\sigma x \sigma^{-1}$ を対応させることによって，U の置換を引き起こす．すなわち，準同型写像 $\varphi : S_4 \to S_3$ を得る．$\mathrm{Ker}\, \varphi = V$ より準同型定理によって結果を得る．

(36) N を A_n の自明ではない正規部分群とする．まず，N は長さ 3 の巡回置換を含むことを示す．N の単位元でない元のうち，動かす文字の個数が最小のものを σ とする．σ の動かす文字の数は 3 以上であるから，σ が 4 文字以上を動かすとして矛盾を導く．σ が $(1\,2)(3\,4)$ の型ならば，$N \ni \sigma(1\,2\,5)\sigma(1\,2\,5)^{-1} = (1\,2\,5)$ より N は動かす文字の数が 3 のものを含む．σ が $(1\,2)(3\,4)(5\,6)\cdots$ の型ならば $N \ni \sigma(1\,2\,3)\sigma(1\,2\,3)^{-1} = (1\,3)(2\,4)$ より，先の場合に帰着する．σ が k 巡換 ($k \geq 3$) を含む場合，4 巡換は奇置換だから，$k \geq 5$．動く文字の最初の 5 文字を $1, 2, 3, 4, 5$ とするとき，$\tau = \sigma^{-1}(3\,4\,5)\sigma(3\,4\,5)^{-1}$ とおけば，τ は σ が動かさない文字の他に 1 も動かさない．よって，σ よりも動かす文字の数が少なくなる．以上から，N は 3 巡換を含む．その 3 巡換を $(a\,b\,c)$ とし，$i \geq 3$ について
$$\sigma = \begin{pmatrix} 1 & 2 & i \\ a & b & c \end{pmatrix}$$
とおく．σ が偶置換なら，
$$N \ni \sigma^{-1}(a\,b\,c)\sigma = (1\,2\,k),$$
σ が奇置換ならば $\sigma(1\,2)$ は偶置換で，
$$N \ni (1\,2)^{-1}\sigma^{-1}(a\,b\,c)\sigma(1\,2) = (2\,1\,k).$$
よって，$N \ni (2\,1\,k)^2 = (1\,2\,k)$．以上から，$N$ は $(1\,2\,3), \cdots, (1\,2\,n)$ をすべて含み，このことから $N = A_n$ を得る．

(37) 位数 $n \leq 5$ が 4 以外なら $\mathbf{Z}/n\mathbf{Z}$，位数が 4 なら $\mathbf{Z}/4\mathbf{Z}$ または $\mathbf{Z}/2\mathbf{Z} \times \mathbf{Z}/2\mathbf{Z}$．

(38) 自然な写像 $\varphi : H \to G/N$ を考えれば，仮定から φ が同型写像を与える．σ を互換の 1 つとすれば，$S_n = \langle \sigma \rangle A_n$ は半直積．

(39)(i) $G = Q_3, N = \{1, -1\}, H = \mathbf{Z}/2\mathbf{Z} \times \mathbf{Z}/2\mathbf{Z}$. (ii) $S_3 = \{1, (1\,2)\}A_3$.

(40) $\mathbf{Q}$ の自明でない部分群 N_1, N_2 があって，$\mathbf{Q} = N_1 + N_2$ かつ $N_1 \cap N_2 = \{e\}$ が成り立つとする．$a \in N_1$ を零でない元とすれば，a の分母個 a を加えたものは N_1 に含まれるから，零でないある整数 n_1 を N_1 は含む．同様に，N_2 も零でないある整数 n_2 を含む．このとき，$n_1 n_2$ は N_1, N_2 の両方に含まれる

零でない整数になり仮定に反する．$Q_1 = \{a/2^n \mid a \in \mathbf{Z}, n$ は任意の自然数 $\}$，$Q_2 = \{a/b \mid a, b \in \mathbf{Z},\ b$ は奇数 $\}$ とおけば，$\mathbf{Q}/\mathbf{Z} \cong Q_1/\mathbf{Z} \times Q_2/\mathbf{Z}$．

(41) 仮定によって，f は全射である．$H = \mathrm{Ker}\, f$ とおけば，$G \triangleright H$ であり $G = NH$ かつ $N \cap H = \{e\}$ が成り立つから，G は N と H の直積に分解される．

(42) M と H の位数，N と H の位数が互いに素であるから，$M \cap H = N \cap H = \{e\}$．ゆえに，$HM/M \cong H/(H \cap M) \cong H \cong H/(H \cap N) \cong HN/N$．

(43) $\mathrm{Ker}(\gamma \circ \psi) \ni x$ をとる．$\psi' \circ \beta(x) = \gamma \circ \psi(x) = 0$ より，$\beta(x) \in \mathrm{Im}\,\beta \cap \mathrm{Im}\,\phi'$．したがって，準同型写像 $\beta : \mathrm{Ker}(\gamma \circ \psi) \to \mathrm{Im}\,\beta \cap \mathrm{Im}\,\phi'$ を得るが，この写像が問題の同型写像を誘導する．

(44) G が位数 n の巡回群ならば，$p \mid n$ なる素数 p に対しては，位数 p の部分群がただ 1 つ存在するから，$|\{x \in G \mid x^p = e\}| = p$ となり，n を割らない素数 p に対しては，$|\{x \in G \mid x^p = e\}| = 1$ となる．よって，$|\{x \in G \mid x^p = e\}| \le p$．逆を G の位数に関する帰納法によって示す．G の位数が 1 のときは明らかだから，G の位数を n とし，位数 n 未満で仮定を満たすアーベル群は巡回群になるとする．p を n を割る素数とする．準同型写像

$$\varphi : G \longrightarrow G$$
$$x \mapsto x^p$$

を考える．G の位数は素数 p で割れるから，G には位数 p の元 z が存在する．したがって，仮定から $\mathrm{Ker}\,\varphi \cong \mathbf{Z}/p\mathbf{Z}$ を得る．よって，準同型定理から，$\mathrm{Im}\,\varphi \cong G/(\mathbf{Z}/p\mathbf{Z})$ となり，$|\mathrm{Im}\,\varphi| = n/p < n$．$\mathrm{Im}\,\varphi$ は G の部分群だから仮定が成立し，帰納法の仮定から $\mathrm{Im}\,\varphi$ は巡回群である．その生成元を x とすれば，$y \in G$ で $\varphi(y) = x$ となるものが存在する．もし y の位数が p で割り切れれば，φ の定義から $\mathrm{Ker}\,\varphi \subset \langle y \rangle$．よって，$|\langle y \rangle| = p|\mathrm{Im}\,\varphi| = n$ となり，$\langle y \rangle = G$．よって G は巡回群になる．もし y の位数が p で割り切れなければ，$\mathrm{Ker}\,\varphi = \langle e \rangle$ だから，$|\langle y \rangle| = |\langle x \rangle| = n/p$．このとき，位数 p の元 z を用いて yz の位数は n となるから $\langle yz \rangle = G$ を得，G は巡回群になる．以上から，位数 n の群 G も巡回群である．

(45) m, n が互いに素であること．

(46) $\{(1), (1\ 2)\},\ \{(1\ 3), (2\ 3), (1\ 2\ 3), (1\ 3\ 2)\}$．

(47) S_n の元 σ を互いに共通の文字がない巡回置換の積

$$\sigma = (i_1\ i_2\ \cdots\ i_\ell)(j_1\ j_2\ \cdots\ j_m)\cdots$$

に分解する．長さ ℓ の巡回置換が k_ℓ 個現われるとき，$(k_1\ k_2\ \cdots\ k_n)$ を σ の型

という．型が一致することが S_n で共役になるための必要十分条件．A_n $(n \geq 2)$ の元 τ をとり，$\tau_1 = (1\ 2)^{-1}\tau(1\ 2)$ とおく．τ と τ_1 が A_n で共役であれば，τ の S_n における共役類 $K(\tau)$ は A_n でも 1 つの共役類．τ と τ_1 が A_n で共役でなければ，共役類 $K(\tau)$ は A_n では 2 つの共役類 $K^*(\tau)$ と $K^*(\tau_1)$ に分かれ，$|K^*(\tau)| = |K^*(\tau_1)|$．

(48) $\{1\}, \{(1\ 2), (1\ 3), (2\ 3)\}, \{(1\ 2\ 3), (1\ 3\ 2)\}$．

(49) $\{(1)\}, \{(1\ 2\ 3), (1\ 3\ 4), (1\ 4\ 2), (2\ 4\ 3)\}, \{(1\ 3\ 2), (2\ 3\ 4), (1\ 4\ 3), (1\ 2\ 4)\}$, $\{(1\ 2)(3\ 4), (1\ 3)(2\ 4), (1\ 4)(2\ 3)\}$．指数 2 の部分群は正規部分群ゆえ，位数 6 の部分群は正規部分群．正規部分群はいくつかの共役類の直和になるが，共役類の直和で元の数を 6 にすることはできない．

(50) $D_n = \langle \sigma, \tau \rangle$ で，関係式 $\sigma^n = e$, $\tau^2 = e$, $\sigma\tau = \tau\sigma^{-1}$ とすれば，共役類は，n が偶数なら $\{e\}$, $\{\sigma^{n/2}\}$, $\{\sigma^i, \sigma^{n-i}\}$ $(i = 1, 2, \cdots, (n/2) - 1)$, $\{\tau, \sigma^2\tau, \sigma^4\tau, \cdots, \sigma^{n-2}\tau\}$, $\{\sigma\tau, \sigma^3\tau, \sigma^5\tau, \cdots, \sigma^{n-1}\tau\}$ で与えられ，n が奇数なら $\{e\}$, $\{\sigma^i, \sigma^{n-i}\}$ $(i = 1, 2, \cdots, (n-1)/2)$, $\{\tau, \sigma\tau, \sigma^2\tau, \cdots, \sigma^{n-1}\tau\}$ で与えられる．

(51) $Q_3 = \{\pm 1, \pm i, \pm j, \pm k\}$ で，i, j, k は関係式

$$ij = k, jk = i, ki = j$$
$$i^2 = -1, j^2 = -1, k^2 = -1$$

を満たすとする．共役類は，$\{1\}, \{-1\}, \{\pm i\}, \{\pm j\}, \{\pm k\}$．

(52) 類等式を $|G| = 1 + g_1 + g_2$, $g_1 \leq g_2$ とする．$g_2||G|$ だから，$g_2|(1+g_1)$．よって，$g_1 = g_2 = 1$ または，$g_2 = 1 + g_1$．前者なら G は位数 3 の可換群であり，$G \cong \mathbf{Z}/3\mathbf{Z}$．後者なら，$|G| = 2(1 + g_1)$ であり，$g_1||G|$ より，$g_1|\ 2$．ゆえに，$g_1 = 1, g_2 = 2$ または，$g_1 = 2, g_3 = 3$．前者なら，G の位数は 4 であり，可換群になるから $g_2 = 2$ はありえない．後者なら，G は位数 6 の非可換群であり S_3 となる．

(53) $x \in \Omega$ に対し，固定群 $G_x = \{\sigma \in G \mid \sigma(x) = x\}$ とおく．Ω の任意の元 y をとれば，条件 (ii) より，G の元 τ で $\tau(x) = y$ となるものが存在する．G は可換群だから，$G_x \ni \sigma$ に対し，

$$\sigma(y) = \sigma(\tau(x)) = \tau(\sigma(x)) = \tau(x) = y$$

だから $G_x \subset G_y$．x と y を入れ替えれば，$G_y \subset G_x$ を得るから，$G_x = G_y$．よって，G_x の元は Ω 上で恒等的に作用する．$G_x \subset S_n$ より，$G_x = \{e\}$．したがって，$|G| = |G/G_x| = |\Omega| = n$．

(54) $SL(2, \mathbf{C})$.

(55) $SL(2, \mathbf{C})$.

(56) $D(D_n) = \langle \sigma^2 \rangle$.

(57) $D(Q_3) = \{1, -1\}$.

(58) G が可換群なら, $R_1 = \{e\}$ だからべき零群である. 第 i 交換子群を D_i とすれば, $R_i \supset D_i$. よって, $R_n = \{e\}$ なら $D_n = \{e\}$ となる. すなわち, G がべき零群ならば可解群である. S_3 は可解群であるがべき零ではない. p を素数とするとき,
$$G = \left\{ \begin{pmatrix} 1 & a & b \\ 0 & 1 & c \\ 0 & 0 & 1 \end{pmatrix} \middle| a, b, c \in \mathbf{Z}/p\mathbf{Z} \right\}$$
は位数 p^3 の群でありべき零群であるが, 可換群ではない.

(59) $Z_{-1} = \{e\}, Z_0 = Z$ とおく. ある n について $Z_n = G$ より G/Z_{n-1} は可換群. ゆえに, $Z_{n-1} \supset [G, G] = R_1$. 帰納法で示すために, $Z_i \supset R_{n-i}$ が成立するとする. G/Z_{i-1} の中心が Z_i/Z_{i-1} であるから, $Z_{i-1} \supset [G, Z_i] \supset [G, R_{n-i}] = R_{n-i+1}$ を得る. よって, $R_{n+1} = \{e\}$ より, G はべき零群である. G がべき零群であるとする: $G \neq \{e\}$ としてよいから, $R_n \neq \{e\}$ かつ $R_{n+1} = [G, R_n] = \{e\}$ なる n が存在する. このとき, $Z_0 \supset R_n$. 帰納法で示すために, $Z_{i+1} \supset R_{n-i-1}$ が成立するとする. G/Z_i の中心が Z_{i+1}/Z_i であるから $Z_i \supset [G, Z_{i+1}] \supset [G, R_{n-i-1}] = R_{n-i}$ を得る. したがって, $Z_n = R_0 = G$ となる.

(60) 有限 p 群の類等式 $|G| = 1 + g_1 + \cdots + g_n$ を考える. 左辺は p べきであり, 右辺の各項は 1 でないものは p べきである. よって, 少なくとも 1 個の g_i は 1 になる. すなわち, G の中心 $Z(G)$ の位数は 2 以上. G/Z も p 群であり, $|G| > |G/Z|$. G/Z の中心 Z_1/Z の位数も 2 以上. したがって, この操作を続ければ, ある n があって, $Z_n = G$ を得る. よって, 問題 (59) より G はべき零群になる.

(61) 5-シロー群の数は $5k+1$ の形で, かつ $200/25 = 8$ の約数である. よって $k = 0$ で 5-シロー群はただ 1 つ存在する. したがって, 5-シロー群は正規部分群である.

(62) 位数 255 の群を G とする. 17-シロー群の数は $17k+1$ の形で, かつ $255/17 = 15$ の約数であるから, $k = 0$ となりただ 1 つ. したがって 17-シロー群 H_{17} は正規部分群. 5-シロー群の 1 つを H_5, 3-シロー群の 1 つを H_3 とする. 素数位数の群は巡回群だから, H_{17}, H_5, H_3 はいずれも巡回群. それらの生成元をそれぞれ x, y, z とすれば, $H_{17} = \langle x \rangle$, $H_5 = \langle y \rangle$, $H_3 = \langle z \rangle$. 5-シロー群の数は $5k+1$ の形で, かつ $255/5 = 51$ の約数であるから, $k = 0$ または 10 となり, 1

個または 51 個．同様に，3-シロー群の数は 1 個または 85 個．5-シロー群が 51 個，3-シロー群が 85 個存在すれば元数が 255 を超えるから，どちらかは 1 個でそれは正規部分群．よって，$H_5 H_3$ は位数 15 の群になる．例 1.9.5 より位数 15 の群は可換群だから y と z は可換．$H_3 H_{17}$ は位数 51 の群だから例 1.9.5 より可換群となり x と z は可換．同様に x と y は可換．よって xyz の位数は 255 となり G は巡回群．

(63) まず，N を位数 15 の群とする．5-シロー群の数は $5k+1$ の形で $15/5 = 3$ の約数だから $k = 0$ となり，ただ 1 つ．よって，5-シロー群 N_5 は N の正規部分群．同様に 3-シロー群 N_3 も N の正規部分群．さらに，$N_5 \cap N_3 = \{e\}, N = N_5 N_3$ が示せるから，$N = N_5 \times N_3$ となり，位数 15 の群は可換群になる．G を位数 30 の群とすれば，3-シロー群の数は $3k+1$ 個の形で $30/3 = 10$ の約数であるから $k = 0$ または 3 で，1 個または 10 個である．5-シロー群の数は，同様にして 1 個または 6 個．3-シロー群が 10 個，かつ 5-シロー群が 6 個とすると G の元数が 30 を超えるので，どちらかは 1 個でそれは正規部分群になる．したがって，3-シロー群の 1 つを H_3，5-シロー群の 1 つを H_5 とすれば，$H_5 H_3$ は G の部分群になり，その位数は 15 に等しい．よって，G における指数が 2 だから $G \triangleright H_5 H_3$．$G/H_5 H_3 \cong \mathbf{Z}/2\mathbf{Z}$ より $H_5 H_3 \supset D(G)$．先に示したように $H_5 H_3$ は可換群だから，$D(D(G)) = \{e\}$ となり，G は可解群である．

(64) 7-シロー群の数は $7k+1$ の形で $168/7 = 24$ の約数．G は単純群だから正規部分群を持たず，したがって k は 0 ではない．このことから $k = 1$ を得，7-シロー群の数は 8 個となる．よって，位数 7 の元の数は $(7-1) \times 8 = 48$ 個．

(65) 位数 $2p$ の群を G とすれば，G には位数 p の元 a が存在する．$N = \langle a \rangle$ とおくと，N は位数 p の巡回群である．$(G : N) = 2$ だから，$G \triangleright N$．G には位数 2 の元 b も存在するから $bab^{-1} = a^k$ とおけば，$a = b^2 a b^{-2} = a^{k^2}$ より，$k^2 \equiv 1 \pmod{p}$．$(\mathbf{Z}/p\mathbf{Z})^*$ は巡回群だから，$k \equiv \pm 1 \pmod{p}$ となる．よって，$k = 1$ または $k = -1$ としてよい．前者のときは，G は可換群になり位数 $2p$ の巡回群．後者のときは，p 次 2 面体群 D_p になる．

第 2 章

(1) 単元は同型写像．
(2) $\mathbf{Z}/p\mathbf{Z}$ から 0 を除いた乗法群 $(\mathbf{Z}/p\mathbf{Z})^*$ は位数 $p-1$ であるから，その任意の元 x に対して $x^{p-1} \equiv 1 \pmod{p}$．ゆえに，$x^p \equiv x \pmod{p}$．これは 0 に対しても成立する．

(3) $\mathbf{F}_p = \mathbf{Z}/p\mathbf{Z}$ は体であるから,$x^2 \equiv 1 \pmod{p}$ なる元は p を法として -1 ただ 1 つ.$(\mathbf{Z}/p\mathbf{Z})^*$ は乗法群であるが,先にみたように位数 2 の元はただ 1 つであるから,残りの元 x はその逆元 x^{-1} と相異なっている.よって,$(\mathbf{Z}/p\mathbf{Z})^*$ のすべての元をかけ合わせれば,位数 2 でない元 x と x^{-1} はキャンセルして,$(p-1)! \equiv -1 \pmod{p}$ を得る.

(4) 整数 a が p^ν と素なことと p で割り切れないことは同値であるから,$U(\mathbf{Z}/p^\nu\mathbf{Z})$ の位数は $p^{\nu-1}(p-1)$.$\nu = 1$ のとき法 p に関する $p-1$ 次式 $X^{p-1}-1$ の零点の数は高々 $p-1$ 個である.また,問題 (2) から実際に $p-1$ 個の零点が存在する.任意の素数 q に対しても $X^q - 1$ の零点の数は高々 q 個であるから,第 1 章問題 (44) より,$\mathbf{Z}/p\mathbf{Z}$ の単元のなす群は巡回群.$p \neq 2$ なら,先に示したことから,法 p に関して位数 $p-1$ を持つ数 a が存在する.単数群の位数から,$(a^{p^{\nu-1}})^{p-1} \equiv 1 \pmod{p^\nu}$.逆に $(a^{p^{\nu-1}})^r \equiv 1 \pmod{p^\nu}$ とすれば,問題 (2) を用いて,法 p で計算すれば,$1 \equiv (a^{p^{\nu-1}})^r \equiv a^r \pmod{p}$.したがって,$r$ は $p-1$ で割り切れる.したがって,$a^{p^{\nu-1}}$ の位数は $p-1$ である.ところで,帰納法によって $(1+p)^{p^i} \equiv 1 + p^{i+1} \pmod{p^{i+2}}$ を示せるから,$(1+p)^{p^{\nu-2}} \equiv 1 + p^{\nu-1} \not\equiv 1 \pmod{p^\nu}$ かつ $(1+p)^{p^{\nu-1}} \equiv 1 \pmod{p^\nu}$ を得る.つまり,$1+p$ は法 p^ν で位数 $p^{\nu-1}$ を持つ.したがって,法 p^ν で $a^{p^{\nu-1}}(1+p)$ の位数は $p^{\nu-1}(p-1)$ となり,$\mathbf{Z}/p^\nu\mathbf{Z}$ の単元のなす群は巡回群である.$p = 2$ のとき,$\nu = 1, 2$ のときには,結果は自明.$p = 2, \nu \geq 3$ とする.先と同様に帰納法によって,$5 = 1 + 2^2$ は法 2^ν に関して位数 $2^{\nu-2}$ となる.したがって,$H = \{a \in U(\mathbf{Z}/p^\nu\mathbf{Z}) \mid a \equiv 1 \pmod{4}\}$ とおけば,H は 5 によって生成される巡回群になる.また,$\langle -1 \rangle \cong \mathbf{Z}/2\mathbf{Z}$ かつ $U(\mathbf{Z}/p^\nu\mathbf{Z}) = H \cup (-1)H$ であるから,$U(\mathbf{Z}/p^\nu\mathbf{Z}) \cong \langle -1 \rangle \times H \cong \mathbf{Z}/2\mathbf{Z} \times H$ を得る.

(5) ハミルトンの 4 元数体 $\mathbf{H} = \mathbf{Q} + \mathbf{Q}i + \mathbf{Q}j + \mathbf{Q}k$ において,$s = bi + cj + dk$ とおけば,$s^2 = -b^2 - c^2 - d^2$ である.方程式 $b^2 + c^2 + d^2 = 2$ において,$b = 1$,$c^2 + d^2 = 1$ となる有理数解は無数にあることから結果はしたがう.

(6) α が単元ならば,$\beta \in \mathbf{Z}[\sqrt{d}]$ で $\alpha\beta = 1$ となるものが存在する.両辺のノルムをとれば $N(\alpha)N(\beta) = 1$ でノルムは整数であることから $N(\alpha) = \pm 1$ となる.逆に,$N(\alpha) = \pm 1$ ならば,$\alpha\bar{\alpha} = \pm 1$ となるから α は単元になる.

(7) $d = -1$ のとき,$\pm 1, \pm\sqrt{-1}$.$d = -3$ のとき,$\omega = (-1+\sqrt{-3})/2$(1 の原始 3 乗根)とし,$\pm 1, \pm\omega, \pm\omega^2$.その他の場合は,$\pm 1$.

(8) 前半略.イデアルは 0 以上の整数 n に対して $p^n \mathbf{Z}_{(p)}$.単元は $U = \{a/b \mid a, b \in \mathbf{Z}, (a, p) = 1, (b, p) = 1\}$.

(9) 第 i 列が任意のベクトルで他の列がすべて零ベクトルであるような $M(n, \mathbf{R})$

の行列全体を $\mathbf{A}_i$ とすれば，左イデアルは $\mathbf{A}_i$ のいくつかの和になる．第 j 行が任意のベクトルで他の行がすべて零ベクトルであるような $M(n,\mathbf{R})$ の行列全体を $\mathbf{B}_i$ とすれば，右イデアルは $\mathbf{B}_i$ のいくつかの和になる．両側イデアルは $\{0\}$ と $M(n,\mathbf{R})$ のみ．

(10) $\mathbf{Z}/p^\nu\mathbf{Z}$ の単元は，p と素な 1 以上で p^ν 以下の整数で与えられるから，その数は $p^\nu - p^{\nu-1}$ に等しい．したがって，$\mathbf{Z}/m\mathbf{Z}$ の単元の数は

$$(p_1^{\nu_1} - p_1^{\nu_1-1})(p_2^{\nu_2} - p_2^{\nu_2-1})\cdots(p_\gamma^{\nu_\gamma} - p_\gamma^{\nu_\gamma-1})$$
$$= m\left(1 - \frac{1}{p_1}\right)\left(1 - \frac{1}{p_2}\right)\cdots\left(1 - \frac{1}{p_\gamma}\right)$$

に等しい．

(11) 準同型写像

$$\varphi: \quad \mathbf{Z}[x] \quad \longrightarrow \quad \mathbf{C}$$
$$x \quad \mapsto \quad \frac{1+\sqrt{-3}}{2}$$

を考えれば，$\mathrm{Ker}\,\varphi = (x^2 - x + 1)$，$\mathrm{Im}\,\varphi = \mathbf{Z}[\frac{1+\sqrt{-3}}{2}]$ だから，準同型定理から結果を得る．

(12) (i) $i \neq j$ に対し $\mathfrak{a}_i + \mathfrak{a}_j = R$ だから，$e_i \in \mathfrak{a}_i$，$e_1^{(i)} \in \mathfrak{a}_1$ で，$e_1^{(i)} + e_i = 1$ $(i = 2,\cdots,n)$ となるものが存在する．$e = 1 - \prod_{i=2}^{n}(1 - e_1^{(i)})$ とおけば，$e \in \mathfrak{a}_1$ で $\prod_{i=2}^{n} e_i + e = 1$．ゆえに，$\mathfrak{a}_2\mathfrak{a}_3\cdots\mathfrak{a}_n + \mathfrak{a}_1 = R$．同様にして，$\mathfrak{a}_{i+1}\mathfrak{a}_{i+2}\cdots\mathfrak{a}_n + \mathfrak{a}_i = R$．これらを用いれば，

$$R = \mathfrak{a}_2\mathfrak{a}_3\cdots\mathfrak{a}_n + \mathfrak{a}_1 R$$
$$= \mathfrak{a}_2\mathfrak{a}_3\cdots\mathfrak{a}_n + \mathfrak{a}_1\{\mathfrak{a}_3\mathfrak{a}_4\cdots\mathfrak{a}_n + \mathfrak{a}_2\}$$
$$= \mathfrak{a}_2\mathfrak{a}_3\cdots\mathfrak{a}_n + \mathfrak{a}_1\mathfrak{a}_3\mathfrak{a}_4\cdots\mathfrak{a}_n + \mathfrak{a}_1\mathfrak{a}_2 R$$
$$\cdots$$
$$= \sum_{i=1}^{n} \mathfrak{a}_1\mathfrak{a}_2\cdots\check{\mathfrak{a}}_i\cdots\mathfrak{a}_n.$$

ただし，$\check{\mathfrak{a}}_i$ は $\mathfrak{a}_i$ を除くことを意味する．よって $\mathfrak{a}_1\mathfrak{a}_2\cdots\check{\mathfrak{a}}_i\cdots\mathfrak{a}_n$ の元 f_i が存在して，$\sum_{i=1}^{n} f_i = 1$ となる．$x = \sum_{i=1}^{n} \alpha_i f_i$ が求める x である．(ii) n に関する帰納法で示す．$n-1$ まで成立するとする．$\mathfrak{a}_1 \cap \mathfrak{a}_2 \cap \cdots \cap \mathfrak{a}_n = \mathfrak{a}_1\mathfrak{a}_2\cdots\mathfrak{a}_{n-1} \cap \mathfrak{a}_n$ $= (\mathfrak{a}_1\mathfrak{a}_2\cdots\mathfrak{a}_{n-1} \cap \mathfrak{a}_n)\{\mathfrak{a}_1\mathfrak{a}_2\cdots\mathfrak{a}_{n-1} + \mathfrak{a}_n\} \subset \mathfrak{a}_1\mathfrak{a}_2\cdots\mathfrak{a}_{n-1}\mathfrak{a}_n \subset \mathfrak{a}_1 \cap \mathfrak{a}_2 \cap \cdots \cap \mathfrak{a}_n$ から，n のときも成立する．(iii) 自然な写像 $\varphi: R \to R/\mathfrak{a}_1 \cap \mathfrak{a}_2 \cap \cdots \cap \mathfrak{a}_n$ は (i) から全射であり，(ii) から $\mathrm{Ker}\,\varphi = \mathfrak{a}_1\mathfrak{a}_2\cdots\mathfrak{a}_n$ となるから，準同型定理から結果を得る．

(13) 1 の原始 3 乗根を ω とし，$\zeta = (a + b\sqrt[3]{2}\omega + c(\sqrt[3]{2})^2\omega^2)(a + b\sqrt[3]{2}\omega^2 + c(\sqrt[3]{2})^2\omega)$

とおけば、$\zeta = a^2 + b^2(\sqrt[3]{2})^2 + 2c^2\sqrt[3]{2} - ab\sqrt[3]{2} - ac(\sqrt[3]{2})^2 - 2bc \in \mathbf{Q}[\sqrt[3]{2}]$ であるから、前半は、$(a+b\sqrt[3]{2}+c(\sqrt[3]{2})^2)\zeta = a^3 + 2b^3 + 4c^3 - 6abc \in \mathbf{Q}$ からしたがう。f を自己同型写像とすれば、$f(1) = f(1^2) = f(1)^2$ かつ $f(1) \neq 0$ より $f(1) = 1$. また、$f((\sqrt[3]{2}))^3 = f((\sqrt[3]{2})^3) = f(2) = 2f(1) = 2$ で、$f((\sqrt[3]{2}))$ が実数であることから $f((\sqrt[3]{2})) = \sqrt[3]{2}$ となる。すなわち、自己同型写像は恒等写像だけである。

(14) f を自己同型写像とすれば、前問と同様に $f(1) = 1$.
$$f(\sqrt{2})^2 = f(\sqrt{2}^2) = f(2) = 2f(1) = 2.$$
よって、$f(\sqrt{2}) = \pm\sqrt{2}$. 求める自己同型写像は恒等写像と、$f : a+b\sqrt{2} \mapsto a-b\sqrt{2}$ $(a, b \in \mathbf{Q})$ で与えられる。

(15) 単元でない $\beta, \gamma \in \mathbf{Z}[\sqrt{d}]$ があって、$\alpha = \beta\gamma$ となったとする。両辺のノルムをとって、$N(\alpha) = N(\beta)N(\gamma)$ が成り立ち、β, γ が単元でないことから $N(\beta) \neq \pm 1$, $N(\gamma) \neq \pm 1$. したがって、$N(\alpha)$ は既約元ではない。

(16) $35 = 5 \cdot 7 = 5(2 + \sqrt{-3})(2 - \sqrt{-3})$.

(17) $a + b\sqrt{-1} \in \mathbf{Z}[\sqrt{-1}]$ に対しノルム $N(a+b\sqrt{-1}) = a^2+b^2$ とおく。$\mathbf{Z}[\sqrt{-1}]$ のイデアル I をとる。$I = (0)$ なら I は単項イデアルであるから、$I \neq (0)$ とする。I の元のうち、ノルムの値が 0 以外の最小のものを z とする。このとき、$z \neq 0$. $w \in I$ に対し、w/z の実部に一番近い整数を c, 虚部に一番近い整数を d とする。$N(w/z - (c+d\sqrt{-1})) \leq (1/2)^2 + (1/2)^2 = 1/2$ だから、$v = w - (c+d\sqrt{-1})z$ とおけば、$N(v) < N(z)$ で $v \in I$. z のとり方から $v = 0$ となる。ゆえに、$w \in (z)$ となり、$I = (z)$ を得る。よって、$\mathbf{Z}[\sqrt{-1}]$ は単項イデアル整域。単元は、± 1, $\pm\sqrt{-1}$. 問題 (18), (19) も参照。

(18) 単項イデアル整域は一意分解整域であるから、ユークリッド整域が単項イデアル整域であることを示せばよい。I を R のイデアルとする。$I = (0)$ なら、これは単項イデアルであるから、$I \neq (0)$ のときを示せばよい。I に含まれる元で g の値が 0 ではなく最小である元を a とする。$(a) \subset I$ である。I の任意の元 x をとる。(ii) を用いて $q, r \in R$ が存在して、$x = qa + r$, r は 0 または $g(r) < g(a)$ となる。$r = x - qa \in I$ だから、g の値の最小性から $r = 0$. よって、$x = qa \in (a)$ となり $I = (a)$ となるから R は単項イデアル整域である。

(19) $d = -1$ のとき、$R = \mathbf{Z}[\sqrt{-1}]$ は複素平面の正方格子点として表わされる。R の 2 元 a, b $(a \neq 0)$ をとり、複素数 b/a を考えれば、b/a はある正方格子の 1 辺の長さ 1 の正方形の中にあり、その 4 つの頂点のうち少なくとも 1 つ q から b/a までの距離は 1 より真に小である。よって、$N(b/a - q) < 1$. $r = b - aq$ とおけば、$r \in R$ で $N(r/a) < 1$, すなわち $N(r) < N(a)$ となる。他も同様である。

(20) $n=1$ のときは明らか. n に関する帰納法で証明する. 帰納法の仮定によって,
$$\mathfrak{a} \not\subset \mathfrak{p}_1 \cup \cdots \cup \mathfrak{p}_{i-1} \cup \mathfrak{p}_{i+1} \cup \cdots \cup \mathfrak{p}_n \ (i=1,\cdots,n)$$
の場合のみ証明すればよい. $x_i \in \mathfrak{a}$ で $x_i \notin \mathfrak{p}_j \ (\forall j \neq i)$ なる x_i をとる. このとき仮定から $x_i \in \mathfrak{p}_i$ となる.
$$x = \sum_{i=1}^{n} x_1 \cdots x_{i-1} x_{i+1} \cdots x_n$$
とおく. このとき, $x \in \mathfrak{a}$. $\mathfrak{p}_i$ は素イデアルで $x_j \notin \mathfrak{p}_i \ (\forall j \neq i)$ だから $x_1 \cdots x_{i-1} x_{i+1} \cdots x_n \notin \mathfrak{p}_i$. それ以外の x の各項は $\mathfrak{p}_i$ に属す. したがって $x \notin \mathfrak{p}_i$ ($\forall i$). これは $\mathfrak{a} \subset \mathfrak{p}_1 \cup \cdots \cup \mathfrak{p}_n$ に反する. よって帰納法が成立する.

(21) $(3, 4+\sqrt{10}) = (3, 1+\sqrt{10})$ であり, $(3, 1+\sqrt{10})$ の元は $3(a+b\sqrt{10}) + (1+\sqrt{10})(a'+b'\sqrt{10})$ (a, b, a', b' は整数) の形に書ける. 整理すれば, $3a + a' + 10b' + (3b + a' + b')\sqrt{10}$ だから, $(3a+a'+10b') - (3b+a'+b')$ は 3 で割り切れる. 次に, a_1, b_1, a_2, b_2 を整数とし, $x = (a_1 + b_1\sqrt{10})(a_2 + b_2\sqrt{10}) \in (3, 1+\sqrt{10})$ とする. $x = a_1 a_2 + 10 b_1 b_2 + (a_1 b_2 + b_1 a_2)\sqrt{10}$ だから, $(a_1 a_2 + 10 b_1 b_2) - (a_1 b_2 + b_1 a_2) = 9 b_1 b_2 + (a_1 - b_1)(a_2 - b_2)$ は 3 で割り切れる. ゆえに, $(a_1 - b_1)(a_2 - b_2)$ は 3 で割り切れる. よって, $a_1 - b_1$ か $a_2 - b_2$ の少なくとも一方は 3 で割り切れる. $a_1 - b_1 = 3n$ (n は整数) なら, $a_1 + b_1 \sqrt{10} = 3n + b_1(1+\sqrt{10}) \in (3, 1+\sqrt{10})$. $a_2 - b_2 = 3n$ のときも同様.

(22) $(3) = (3, 1+\sqrt{10})(3, 1-\sqrt{10})$.

(23) $(2), (5)$ は素イデアル. $(3) = (\sqrt{-3})^2$. $(4) = (2)^2$. $(6) = (2)(\sqrt{-3})^2$.

(24) $p = 2$ に対し, $1 + \sqrt{-1}$ は素数. $p \equiv 1 \pmod{4}$ なら, $p = a^2 + b^2$ なる整数 a, b があり, $a \pm b\sqrt{-1}$ は素数. $p \equiv 3 \pmod{4}$ なら p は $\mathbf{Z}[\sqrt{-1}]$ の素数. これらが $\mathbf{Z}[\sqrt{-1}]$ の素数のすべてであり, 任意の素イデアルは素数を ζ とするとき (ζ) で与えられる. 詳細は, 高木貞治著『初等整数論講義』(共立出版), 292 ページ参照.

(25) $\alpha = a + b\sqrt{-1} \in \mathbf{Z}[\sqrt{-1}]$ が λ の倍数でないならば, a, b のうちの一方だけが奇数であるから,
$$\alpha = 1 + 2\eta \ \text{または} \ \alpha = i + 2\eta.$$
ゆえに, $\alpha^2 \equiv \pm 1 \pmod{4}$. すなわち, $\alpha^2 = \pm 1 + 4\beta$. ゆえに, $\alpha^4 \equiv 1 \pmod{8}$.

(26) 高木貞治著『初等整数論講義』(共立出版), 252 ページ参照.

(27) 既約多項式が有限個しかないとして, それらのすべてを $f_1, f_2, \cdots, f_n$ とする. $f_1 f_2 \cdots f_n + 1$ は f_i のいずれでも割り切れないから既約のはずであり, 既

約多項式のすべてが $f_1, f_2, \cdots, f_n$ であるという仮定に反する.

(28) $\mathbf{Z}[\sqrt{-5}]$ において,$6 = 2 \cdot 3 = (1+\sqrt{-5})(1-\sqrt{-5})$ なる因数分解を考える.$1+\sqrt{-5}$ は既約元であるが素元ではない.したがって,イデアル $(1+\sqrt{-5})$ は素イデアルではない.

(29) イデアルは $f(x)$ を複素係数の多項式として $(f(x))$ で与えられる.素イデアルは,$a \in \mathbf{C}$ に対し $(x-a)$ と (0).極大イデアルは $a \in \mathbf{C}$ に対し $(x-a)$.

(30) n を自然数として,(x^n) と (0).素イデアルは (x) と (0).極大イデアルは (x) ただ1つ.

(31) 体上の多項式環は一意分解整域であるから既約元と素元は一致する.x^2-y^3 は既約多項式であるから,x^2-y^3 は素元であり (x^2-y^3) は素イデアルになる.(x,y) は (x^2-y^3) を真に含むから (x^2-y^3) は極大イデアルではない.

(32) $\mathbf{Z}[x,y]/(x,y^2+1) \cong \mathbf{Z}[y]/(y^2+1) \cong \mathbf{Z}[\sqrt{-1}]$ は整域だから,(x,y^2+1) は素イデアルである.

(33) $\mathbf{Q}[x,y]/(x,y^2+1) \cong \mathbf{Q}[y]/(y^2+1) \cong \mathbf{Q}[\sqrt{-1}] = \mathbf{Q}(\sqrt{-1})$ は体だから,(x,y^2+1) は極大イデアルである.

(34) $\mathbf{C}[x,y]/(x,y^2+1) \cong \mathbf{C}[y]/(y^2+1) \cong \mathbf{C}[y]/(y+\sqrt{-1}) \times \mathbf{C}[y]/(y-\sqrt{-1})$ は 0 ではない零因子を持つから整域ではない.よって,(x,y^2+1) は素イデアルではない.

(35) m_P が極大ではないとし,m_P より真に大きいイデアル I があるとする.I は点 P で零にならない多項式 $f(x)$ を含む.$f(P)=a$ とすれば $a \neq 0$ で,$f(x)-a$ は P で 0 になるから m_P に含まれる.ゆえに,$a = f(x) - (f(x)-a)$ より,a は I に含まれる.a は単元だから $I=R$ となる.ゆえに,m_P は極大イデアルである.

(36) 体 k 上の 2 変数多項式環 $k[s,t]$ をとり,次のように定義される環の準同型写像
$$\varphi : k[x,y,z,w] \longrightarrow k[s,t]$$
$$x \mapsto s^3,\ y \mapsto ts^2,\ z \mapsto t^2 s,\ w \mapsto t^3$$
を考える.$\mathfrak{p} = (xz-y^2, yw-z^2, xw-yz)$ とおく.$\mathfrak{p} \subset \mathrm{Ker}\,\varphi$ は明らか.$\mathrm{Ker}\,\varphi \ni f$ をとる.$\mathrm{Ker}\,\varphi \ni yw-z^2$ より,
$$f \equiv f_0(x,y,w) + f_1(x,y,w)z \pmod{\mathfrak{p}}.$$

$\mathrm{Ker}\,\varphi \ni xz-y^2,\ xw-yz$ だから,
$$f_1(x,y,w)z \equiv g_0(x,y,w) + g_1(w)z \pmod{\mathfrak{p}}.$$

よって,
$$f \equiv h_0(x,y,w) + g_1(w)z \pmod{\mathfrak{p}}.$$
の形となる. ゆえに, 恒等的に
$$0 = h_0(s^3, ts^2, t^3) + g_1(t^3)t^2 s$$
となるが, 右辺の第 1 項は s の 1 次の項を含まないから, 恒等的に $g_1(w) = 0$ となる. また, $\mathfrak{p} \ni -y(xz - y^2) - x(xw - yz) = y^3 - x^2 w$ だから,
$$h_0(x,y,w) \equiv A_0(x,w) + A_1(x,w)y + A_2(x,w)y^2 \pmod{\mathfrak{p}}$$
の形になり, 恒等的に
$$0 = A_0(s^3, t^3) + A_1(s^3, t^3)ts^2 + A_2(s^3, t^3)t^2 s^4$$
となるが, t についての次数を考えれば恒等的に $A_0(x,w) = A_1(x,w) = A_2(x,w) = 0$ を得る. よって, $f \equiv 0 \pmod{\mathfrak{p}}$ となり, $f \in \mathfrak{p}$, すなわち $\operatorname{Ker} \varphi = \mathfrak{p}$. $k[x,y,z,w]/\operatorname{Ker} \varphi$ は整域だから, $\mathfrak{p}$ は素イデアルである.

(37) $a, b \in R'$ で $f^{-1}(\mathfrak{p}) \ni ab$ とする. $\mathfrak{p} \ni f(a)f(b)$ となり, $\mathfrak{p}$ が素イデアルであることから $f(a) \in \mathfrak{p}$ または $f(b) \in \mathfrak{p}$ となる. ゆえに, $a \in f^{-1}(\mathfrak{p})$ または $b \in f^{-1}(\mathfrak{p})$ となり, $f^{-1}(\mathfrak{p})$ は素イデアル. 自然な埋め込み $\varphi : \mathbf{Z} \hookrightarrow \mathbf{Q}$ を考える. $\mathbf{Q}$ の極大イデアル (0) の引き戻し $\varphi^{-1}((0)) = (0)$ は $\mathbf{Z}$ の極大イデアルではない.

(38) (i)⇒(ii) : $\mathfrak{m}$ に含まれない元 a をとる. a が単元でなければ a を含む極大イデアル I があるが, $a \notin \mathfrak{m}$ より $\mathfrak{m} \neq I$ である. (ii)⇒(iii) : $x \in \mathfrak{m}$ かつ $1 + x \in \mathfrak{m}$ ならば, $1 \in \mathfrak{m}$ となるから $\mathfrak{m} = R$ となり, $\mathfrak{m}$ が極大イデアルであることに反する. よって, $1 + x \notin \mathfrak{m}$ となり, 仮定から $1 + x$ は単元. (iii)⇒(iv) : $I \neq R$ を $\mathfrak{m}$ に含まれないイデアルとする. I を含む極大イデアル J をとれば, $\mathfrak{m} + J = R$ とならざるを得ない. よって, $x \in \mathfrak{m}$ と $y \in J$ で $x + y = 1$ となるものが存在する. このとき条件より $1 - x$ は単元. このとき y も単元となり $J = R$ で仮定に反する. (iv)⇒(i) は自明.

(39) (i) $(a_1, s_1) \sim (a_2, s_2)$ かつ $(a_2, s_2) \sim (a_3, s_3)$ とする. 定義から, $u, v \in S$ があって, $u s_2 a_1 = u s_1 a_2$ かつ $v s_3 a_2 = v s_2 a_3$ となる. このとき, $u v s_2 \in S$ で $u v s_2 s_3 a_1 = u v s_1 s_3 a_2 = u v s_2 s_1 a_3$ より, $(a_1, s_1) \sim (a_3, s_3)$ を得る. 他は自明. (ii) 略. (iii) $\varphi(ab) = ab/1 = (a/1)(b/1) = \varphi(a)\varphi(b)$ より準同型写像. $s \in S$ に対し, $(s/1) \cdot (1/s) = 1/1$ だから, $\varphi(s)$ $(s \in S)$ は単元. (iv) $f'(a/s) = f(a)f(s)^{-1}$

と定めればよい．

(40) $S^{-1}R$ のイデアル I をとる．問題 (39) の記号を用いて，$\varphi^{-1}(I)$ を考えれば，これは R のイデアルであるから，$a \in R$ があって，$\varphi^{-1}(I) = (a)$ と書ける．I の任意の元 b に対し S の元 s があって $sb \in \mathrm{Im}\,\varphi$ であるから，$I = \varphi(a)S^{-1}R$ を得る．

(41) $S^{-1}R$ が整域になることは明らか．a を R の素元とする．問題 (39) の記号を用いて，$\varphi(a)$ が $S^{-1}R$ の単元でないとする．$\varphi(a)|(b/s)(c/t), b/s, c/t \in S^{-1}R$ ならば，$x/y \in S^{-1}R$ があって，$(a/1)(x/y) = (b/s)(c/t)$ より $axst = ybc$．$a \mid y$ なら，$\varphi(y)$ が単元であることから $\varphi(a)$ が単元となり仮定に反する．よって，$a \mid bc$．a が素元であることから，$a \mid b$ または $a \mid c$．よって，$\varphi(a)$ は b/s か c/t のいずれかを割るから $S^{-1}R$ の素元．a/s を $S^{-1}R$ の任意の元をとし，$a = up_1\cdots p_n$ を R における素元分解とすれば，$a/s = (u/s)(p_1/1)\cdots(p_n/1)$ は $S^{-1}R$ における素元分解になる（$p_i/1$ には単元になるものがあるかもしれないが）．

$$(u/s)(p_1/1)\cdots(p_n/1) = (u'/s')(p'_1/1)\cdots(p'_m/1)$$

を 2 通りの素元分解（$u/s, u'/s'$ は単元，$p_i/1, p'_j/1$ は素元）とすれば，

$$us'p_1\cdots p_n = u'sp'_1\cdots p'_m$$

となる．s, s' を割る素元は $S^{-1}R$ で単元になることから，R の素元分解の一意性から，$n = m$ で $\{p_1, \cdots, p_n\}$ は単元倍と順序を除いて $\{p'_1, \cdots, p'_m\}$ と一致することがわかる．以上から，$S^{-1}R$ は一意分解整域になる．

(42) もし，$1/1 \in \mathfrak{p}R_\mathfrak{p}$ ならば，$x \in \mathfrak{p}$ と $s \in R \setminus \mathfrak{p}$ が存在して $1/1 = x/s$ となる．ゆえに，定義から $s \in \mathfrak{p}$ となり矛盾．よって，$\mathfrak{p}R_\mathfrak{p}$ は真のイデアル．このイデアルに含まれない元は s_1/s_2 $(s_1, s_2 \in R \setminus \mathfrak{p})$ と書けるが，これは $R_\mathfrak{p}$ の単元である．よって問題 (38) から $R_\mathfrak{p}$ は局所環．

(43) 分母が p で割り切れないような有理数全体（0 も含む）．

(44) 分母が x で割り切れないような k 係数の有理式全体（0 も含む）．

(45) $\mathbf{F}_p$ から 0 を除いた乗法群を $\mathbf{F}_p^*$ とする．準同型写像

$$\begin{array}{ccc} \varphi: & \mathbf{F}_p^* & \longrightarrow & \mathbf{F}_p^* \\ & x & \mapsto & x^2 \end{array}$$

を考える．$\mathrm{Ker}\,\varphi = \{\pm 1\}$ である．

$$2|\mathrm{Im}\,\varphi| = |\mathbf{F}_p^*| = p - 1$$

より $|\operatorname{Im}\varphi| = (p-1)/2$. これに 0 を考慮に入れて, 求める個数は $(p-1)/2+1 = (p+1)/2$.

参考文献

　本書で解説した内容は，数学のどの分野を学ぼうとする人にも必要になる代数学の基本的な部分である．これに引き続いて，代数学 II および代数学 III を著し，あわせて学部 3 年次レベルの代数学の教程をカバーする予定である．環上の加群の理論，有限群の線形表現の理論，可換環論の基礎などを代数学 II において，体とガロア理論を代数学 III において解説することになろう．

　代数学の教科書は，数多く出版されているが，そのうちで代表的なものを何冊か参考文献としてあげておく．石田[1] は本書とほぼ同じレベルの代数学の教科書であり，本書の執筆のために参考になった．服部[5] および Lang[11] は圏の概念を意識した書き方がしてあり，はじめて代数を学ぶのにはとっつきにくいが，一応の知識を得た上で一読すれば理解が深まり知識を整理するのに便利である．ファン・デル・ヴェルデン[6] はタイトルには「現代」とあるが，すでに古典的な名著であり，初めて抽象的な代数学を学ぶ人にも向いている．例も多く読みやすい．ブルバキ[7] は，構造主義に基づいた代数学の再構成であり，教科書として適当であるとは思わないが，本格的な数学研究を目指す若い人には参考になろう．このほかにも，酒井[2]，中島[3]，永田・吉田[4]，堀田[8]，松村[9]，森田[10] などの教科書がある．それぞれに工夫があり特色があるので，どれを選択するかは読者の好みの問題であろう．

[1] 石田信『代数学入門』（実教出版）1978.
[2] 酒井文雄『環と体の理論』共立講座 21 世紀の数学 8（共立出版）1997.
[3] 中島匠一『代数と数論の基礎』共立講座 21 世紀の数学 9（共立出版）2000.
[4] 永田雅宜・吉田憲一『代数学入門』（培風館）1996.
[5] 服部昭『現代代数学』（朝倉書店）1968.
[6] ファン・デル・ヴェルデン『現代代数学 1, 2, 3』銀林浩訳（東京図書）1959.
[7] ブルバキ『数学原論 代数 1–7』（東京図書）1970.
[8] 堀田良之『代数入門：群と加群』（裳華房）1987.
[9] 松村英之『代数学』（朝倉書店）1990.
[10] 森田康夫『代数概論』（裳華房）1987.
[11] S. Lang, *Algebra* (Third Edition), Addison-Wesley Publ. Co., 1993.

記号一覧

A_n 10
$\mathrm{Aut}(G)$ 20
$\bar{\alpha}$ 96
$b \mid a$ 73
$\mathbf{C}$ 3
$\mathbf{C}^*$ 3
$c(f)$ 90
$\deg$ 61
$\det$ 23
$D(G)$ 36
$D_i(G)$ 37
D_n 11
$\mathrm{End}(M)$ 52
$F(S)$ 12
$(G:H)$ 15
G/H 15
$GL(n, \mathbf{C})$ 3
$GL(n, \mathbf{Q})$ 3
$GL(n, \mathbf{R})$ 3
$G \triangleright N$ 6
G/N 19
G_x 34
$G_1 \times G_2$ 27
H 53
$H \backslash G$ 17
$H \backslash G / K$ 46
$I(G)$ 21
$\mathrm{Im}\, f$ 22, 69
ι_i 28
$K(a)$ 30
$K(A)$ 58
$\mathrm{Ker}\, f$ 22, 69

$k[G]$ 53
$M(m, n; \mathbf{C})$ 14
$M(n, \mathbf{C})$ 14
$N(\alpha)$ 96
$N(S)$ 6
$n \mid t$ 9
$\mathrm{ord}\, a$ 8
pr_i 28
$\mathbf{Q}$ 2
$\mathbf{Q}^*$ 3
Q_3 12
$\mathbf{R}$ 3
R^* 51
$\mathbf{R}^*$ 3
$\mathbf{R}_{>0}$ 3
R_i 47
R/I 67
$R[x]$ 61
$\mathbf{R}(x)$ 59
$\mathbf{R}[x]$ 52
$R[x_1, x_2, \cdots, x_n]$ 64
$R_1 \times R_2$ 60
$S[A]$ 57
sgn 24
$SL(n, \mathbf{C})$ 4
S_n 9
$S(\Omega)$ 34
T 3
$[x, y]$ 36
$\mathbf{Z}$ 2
$\mathbf{Z}[\sqrt{d}]$ 52
$Z(S)$ 6

索引

ア 行

アイゼンシュタインの既約性判定法　94
アーベル群　2
位数　3, 8
一意分解整域　75
1変数多項式　61
　――環　52, 61
1変数有理関数体　59
一般線形群　3
イデアル　64
n変数多項式　64
　――環　64
オイラーのφ-函数　97

カ 行

階数　14
ガウスの定理　93
可解群　38
可換環　51
可換群　2
可逆元　51
核　22, 69
環　49
簡約積　13
奇置換　10
軌道　34
帰納的順序集合　78
既約元　74
逆元　2
共役　30, 32
　――類　30
局所化　100
局所環　99
極大イデアル　77
極大元　78

偶置換　10
クラインの4群　12
群　1
群環　54
係数　61
結合法則　1
原始的　90
効果的　34
交換子　36
　――群　36
　――群列　38
交代群　10
互換　10
固定群　34
根　63

サ 行

最小公倍元　76
最大公約元　76
作用　33
4元数群　12
自己準同型写像　67
自己同型群　20
自己同型写像　20, 67
指数　15
次数　61
実数体　53
自明な部分環　55
自明な部分群　4
射影　28
斜体　53
自由群　13
自由生成系　13
自由生成である　13
巡回群　8
巡回置換　10
順序集合　78

準同型写像　20, 67
準同型定理　23, 70
上界　78
商群　19
商体　85
剰余環　67
剰余群　19
剰余定理　62
シローの定理　40
推移的　34
整域　54
正規化群　6
正規部分群　6
生成元　8
正標数　89
積閉集合　99
全行列環　52
全射準同型写像　20, 67
選出公理　78
全順序集合　78
素イデアル　76
像　22, 69
素元　74
素体　88

タ 行

体　53
第1同型定理　23
第3同型定理　27
対称群　9
第2同型定理　26
互いに素　76
単位元　1, 51
　——を持つ環　51
単元　51
単項イデアル　66
　——環　66
　——整域　66
単項左イデアル　66
単射準同型写像　20, 67
単純群　7
置換　9
　——表現　34
中国人剰余定理　72

忠実　34
中心　6
　——化群　6
直積　27, 60
　——因子　28
直交群　4
ツォルンの補題　78
定数項　61
同型　20, 67
　——写像　20, 67
同値関係　14
同伴である　73
等方群　34
特殊線形群　4
トーラス　3

ナ 行

内部自己同型群　21
内容　90
2項演算　1
2項算法　1
2面体群　12
入射　28

ハ 行

ハミルトンの4元数体　53
半直積　45
p群　32
p-シロー部分群　40
非可解群　38
左イデアル　64
左完全代表系　15
左合同　15
左剰余類　15
左零因子　54
標準的な準同型写像　22
標数　89
複素数体　53
部分環　55
部分群　3
部分体　55
普遍性　23
フロベニウス写像　90

べき零群　47
べき零元　54
変換群　33

マ 行

右イデアル　64
右合同　17
右剰余類　17
右零因子　54
無限群　3

ヤ 行

有限群　3
有限体　89

有理数体　53
有理整数環　51
ユークリッド整域　98
ユニタリ群　4

ラ 行

ライデマイスター交換子群　47
両側イデアル　64
両側剰余類　46
両側分解　46
類等式　31
零因子　54
零環　51
零元　49
零点　63

人名表

アイゼンシュタイン	F. G. M. Eisenstein (1823–52)	94
アーベル	N. H. Abel (1802–29)	2
ウィルソン	J. Wilson (1741–93)	96
オイラー	L. Euler (1701–83)	97
ガウス	C. F. Gauss (1777–1855)	93
ガロア	E. Galois (1811–32)	11
シロー	P. L. M. Sylow (1832–1918)	40
ツォルン	M. A. Zorn (1906–93)	78
トンプソン	J. G. Thompson (1932–)	40
ハミルトン	W. R. Hamilton (1805–65)	53
バーンサイド	W. S. Burnside (1852–1927)	40
ヒルベルト	D. Hilbert (1862–1943)	99
ファイト	W. Feit (1930–)	40
フェルマー	P. de Fermat (1601–65)	96
フロベニウス	F. G. Frobenius (1849–1917)	90
ユークリッド	Euclid of Alexandria (前 295 頃活躍)	98
ライデマイスター	K. W. F. Reidemeister (1893–1971)	47
リー	M. S. Lie (1842–99)	7

著者略歴

桂 利行（かつら・としゆき）
　1972年　東京大学理学部数学科卒業．
　現　　在　東京大学名誉教授．
　　　　　　理学博士．
　主要著書　『数学　理性の音楽──自然と社会を貫く数学』
　　　　　　（共著，東京大学出版会, 2015），
　　　　　　『代数学 II　環上の加群』
　　　　　　（東京大学出版会, 2007），
　　　　　　『代数学 III　体とガロア理論』
　　　　　　（東京大学出版会, 2005），
　　　　　　『代数幾何入門』（共立出版, 1998），
　　　　　　『正標数の楕円曲面』（上智大学数学
　　　　　　講究録 no.25, 1987）．

代数学 I　群と環　　　　大学数学の入門 1
　　　　　　2004 年 3 月 19 日　初　版
　　　　　　2021 年 1 月 26 日　第 9 刷

　　　　　　　　　[検印廃止]

　著　者　桂 利行
　発行所　一般財団法人 東京大学出版会
　　　　　代表者 吉見俊哉
　　　　　153-0041 東京都目黒区駒場 4-5-29
　　　　　電話 03-6407-1069　　Fax 03-6407-1991
　　　　　振替 00160-6-59964
　印刷所　三美印刷株式会社
　製本所　牧製本印刷株式会社

Ⓒ2004 Toshiyuki Katsura
ISBN 978-4-13-062951-5 Printed in Japan

［JCOPY］〈出版者著作権管理機構 委託出版物〉
本書の無断複写は著作権法上での例外を除き禁じられています．
複写される場合は，そのつど事前に，出版者著作権管理機構（電話
03-5244-5088, FAX 03-5244-5089, e-mail: info@jcopy.or.jp）の
許諾を得てください．

代数学 II　環上の加群	桂 利行	A5/2400 円
代数学 III　体とガロア理論	桂 利行	A5/2400 円
幾何学 I　多様体入門	坪井 俊	A5/2600 円
幾何学 II　ホモロジー入門	坪井 俊	A5/3500 円
幾何学 III　微分形式	坪井 俊	A5/2600 円
線形代数の世界　抽象数学の入り口	斎藤 毅	A5/2800 円
集合と位相	斎藤 毅	A5/2800 円
数値解析入門	齊藤宣一	A5/3000 円
常微分方程式	坂井秀隆	A5/3400 円
線型代数学	足助太郎	A5/3200 円
ベクトル解析入門	小林・高橋	A5/2800 円
多様体の基礎	松本幸夫	A5/3200 円
微分方程式入門	高橋陽一郎	A5/2200 円
偏微分方程式入門	金子 晃	A5/3400 円
整数論	森田康夫	A5/3800 円
数学の基礎	齋藤正彦	A5/2800 円
数学　理性の音楽 自然と社会を貫く数学	岡本・薩摩・桂	A5/2800 円
数学原論	斎藤 毅	A5/3300 円

ここに表示された価格は**本体価格**です．御購入の際には消費税が加算されますので御了承下さい．